BIER BRAUEN

einfacher geht´s nicht!

Mitch Adams

Vorwort von Mark Tranter

BIER BRAUEN

einfacher geht´s nicht!

Bassermann

Für Sarah – meiner „Bier-Witwe", der ich für ihr liebevolles Verständnis danke, dass sie mich während meiner Arbeit an diesem Buch so oft entbehren musste.

ISBN 978-3-8094-3927-1

1. Auflage

Umschlaggestaltung: Atelier Versen, Bad Aibling
Layout: Robin Shields
Illustrator: Rob Brandt
Realisierung der deutschen Ausgabe: trans texas publishing services, Köln
Übersetzung: Heinrich Degen, München
Herstellung: Elke Cramer
Projektleitung: Anja Halveland

Druck und Bindung: Grafisches Centrum Cuno, Calbe

Printed in Germany

MIX
Papier aus verantwortungsvollen Quellen
FSC® C043106

Verlagsgruppe Random House FSC®N001967

INHALT

VORWORT

Bier ist das ideale Getränk für gesellige Runden: Es ist anregend und bringt uns zusammen. Beim Anstoßen der Gläser zur Begrüßung unter Freunden ist es kaum wegzudenken. Bereits nach dem ersten Schluck macht sich ein Gefühl der Zufriedenheit breit.

Mit der wachsenden Beliebtheit von Bier und leichter verfügbaren Informationen wächst das allgemeine Interesse an dem Getränk, seiner Geschichte und den wissenschaftlichen Hintergründen. Dieses theoretische Wissen wollen immer mehr Menschen auch praktisch umsetzen.

Bier selbst zu brauen war in angloamerikanischen Ländern zunächst ein Überbleibsel der 1970er-Jahre und Hobby alternativer Selbstversorger. Noch Mitte der 1990er-Jahre, als ich selbst mit dem Hobbybrauen begann, gab es zum Brauen nichts als spezielle Bier-Kits. Ganz selten sah man in einem Schaufenster Tüten mit geschrotetem Gerstenmalz und Hopfen. Es gab nur wenige einschlägige Bücher, also brachte man sich das Brauen – mit etwas Hilfe – selbst bei.

Heute sind sämtliche Informationen schon mit einem Klick verfügbar. Hochwertige Zutaten sind leicht erhältlich und man kennt Bierstile aus verschiedenen Ländern. Mit diesem anschaulichen Buch können Sie sich auf unterhaltsame Weise mit dem Thema beschäftigen. Es bietet Ihnen einen praktischen Leitfaden, um gutes Bier zu brauen. Gutes Bier ist so einfach herzustellen wie schlechtes Bier – man braucht nur etwas Fachwissen dazu. Folgen Sie den Anleitungen in diesem Buch und finden Sie nach und nach Ihren eigenen Weg. Wenn Ihnen Fehler passieren, lernen Sie daraus und ergründen Sie, was schief gelaufen ist. Probieren Sie verschiedene Bierstile aus, aber brauen Sie vor allem die Biere, die Ihnen schmecken. So werden Sie zu einem echten Brauexperten.

Und denken Sie daran: Bier schmeckt in Gesellschaft am besten. Haben Sie also Spaß mit Freunden, wenn Sie ihr eigenes Bier brauen und trinken.

Mark Tranter, Burning Sky Brewery

EINLEITUNG

Wenn ich mich recht erinnere, habe ich mein erstes Bier bei einem Urlaub mit der Familie getrunken. Lange bevor ich in Großbritannien überhaupt hätte Bier trinken dürfen, ließ mich mein Vater ein oder zwei Schlückchen Lagerbier probieren, als wir in Südfrankreich Camping-Urlaub machten. Dort nahm man es nicht ganz so genau mit den Alkoholbestimmungen. Ich habe noch immer eine Schwäche für die knubbeligen Bierflaschen, die eiskalt so gut zum Grillen passen.

In diesem Buch geht es nicht nur darum, wie man eigenes Bier braut. Es befasst sich auch mit Bierstilen sowie der Geschichte, den Zutaten und den Hintergründen des Brauens. Bier ist mehr als nur ein Getränk: Es verbindet Menschen und hilft beim Entspannen. Bier teilt man mit Freunden und mit Bier verknüpfen sich Erinnerungen. Sobald sich ein bestimmter Geschmack auf der Zunge entfaltet, bringen unsere Geschmacksknospen vergangene Momente zurück ins Bewusstsein. Bei mir genügt ein Schluck aus einer 25-cl-Flasche mit französischem Lager, um mich auf einen Campingplatz an den Grill mit Freunden und der Familie zurückzuversetzen.

Meine ersten Pints genoss ich in den Pubs von Stourbridge in den West Midlands (GB). Als ich dann zum Studieren nach Brighton zog, bevorzugte ich Biere, die besser in mein Budget passten. Doch bald wandte ich mich ganz vom Bier ab, da das Billigbier mir nicht besonders schmeckte.

Dann begann ich im Brau-Pub The Font and Firkin zu arbeiten. Er gehörte zu den berühmten Pubs der Firkin Brewery, die David Bruce 1979 gegründet hatte. Das Sport- und Musiklokal hatte aber damals nicht unbedingt das Publikum für hausgebrautes Bier. Als die Kette irgendwann verkauft wurde, stieg dort ein Typ namens Mark Tranter (der später Chefbrauer von Dark Star wurde und danach seine eigene Brauerei Burning Sky aufmachte) nur deshalb einmal die Woche in seine weißen Gummistiefel, um die Braulizenz nicht zu verlieren. Heute bedaure ich, dass ich damals nicht mehr Interesse für das Brauen gezeigt und mehr darüber gelernt habe. Eine verpasste Gelegenheit.

Durch meine Arbeit im Londoner Pub The Flask in Highgate wurde mein Bierinteresse neu geweckt. Das Sortiment umfasste Importbiere aus Belgien und Deutschland und diverse echte Ales – 2003 nicht unbedingt selbstverständlich! Nachdem ich das Biersortiment auswendig kannte, wusste ich, wie man Bier richtig lagert und hatte meine persönlichen Favoriten ausgemacht. Irgendwann meldete ich mich für eine Bierverkostung in der winzigen belgischen Bar The Dovetail in Clerkenwell an. Das war eine Offenbarung! Eigentlich schmeckte mir das säuerliche Geuze-Bier nicht besonders, bis ich es dort zusammen mit süßsauren Garnelen probierte. Eine sensationelle Kombination – ich hatte angebissen!

Als ich dann zwischen 2006 und 2014 meinen eigenen Pub The Thatchers Arms in Essex betrieb, braute ich zusammen mit vielen lokalen Brauern. Ich entwickelte mein erstes Brau-Kit, veranstaltete Bierdinner und begann, über Bier und Pubs zu schreiben. Ich beneidete London zunehmend um die boomende Bierszene, die sich dort seit meinem Weggang entwickelt hatte. 2014 kehrte ich nach London zurück und führte den renommierten Brau-Pub The Bull in Highgate für die London Brewing Co. Zwei Jahre lang lernte ich dort mehr über den Brauprozess, aber auch wichtige Aspekte zur Markenentwicklung oder der Organisation von Bierverkostungen – ein echtes Vergnügen.

Etwa 2016, also zu der Zeit, als ich mit der Arbeit an diesem Buch begann, verließ ich The Bull, um für Borough Wines and Beers zu arbeiten. Während ich das hier schreibe, sind wir gerade dabei, die 1-Barrel-Nanobrauerei The Brewery Below mit Dan Price als Hausbrauer aufzubauen. Auch Dan hat Rezepte und Hinweise zu diesem Buch beigetragen.

Dieses Buch ist eine Zusammenstellung all des Wissens, das ich vielen Brauern, Freunden von der British Guild of Beer Writers sowie meinen eigenen Erfahrungen und Abenteuern verdanke. Ich hoffe, dass es Ihnen beim Start in Ihr eigenes Bierabenteuer hilft und Sie so gemeinsam mit Ihren Freunden ganz besondere Momente erleben werden.

PLANEN

Was ist Bier und wie macht man es? Oft heißt es, Brauer würden nur die „Bierwürze“ herstellen und die Hefe mache das Bier. Doch es gibt viele Dinge, die ein Brauer tun kann, um Einfluss auf die Art und Weise zu nehmen, wie die Hefe dann ihre Arbeit verrichtet.

Dieses Kapitel soll Ihnen dabei helfen, ein Verständnis für die Zutaten der Bierherstellung und ihren Einfluss auf das Endprodukt zu entwickeln. Aus lediglich vier Zutaten kann man eine riesige Bandbreite an Bierstilen mit ganz unterschiedlichen Geschmacksrichtungen produzieren. Ich stelle Ihnen den Stammbaum der Biere vor und zeige Ihnen, wie Sie Ihren ersten Brautag planen, von der Auswahl der Geräte, über die bevorzugte Braumethode bis hin zum gewünschten Bierstil.

WASSER

Wasser ist die erste der vier entscheidenden Zutaten bei der Bierherstellung. Wasser findet man nicht nur im Endprodukt, man braucht es auch zum Reinigen während des Brauvorgangs. Ein Teil geht beim Brauen durch Verdampfen verloren.

MAISCHE

Den größten Einfluss hat Wasser beim Lösen von Zucker aus dem Getreide. Dieser Vorgang, bei dem die Körner in warmem Wasser ruhen, heißt „Maischen".

VERSCHIEDENE TYPEN

Unser Trinkwasser ist viel mehr als nur H_2O. Wasserquellen unterscheiden sich von Ort zu Ort, und unterschiedliche Wassertypen passen zu unterschiedlichen Bierstilen. Die Härte des Wassers beeinflusst die wahrgenommene Bitterkeit, die Alkalinität den Brauprozess.

ALKALINITÄT

Die Alkalinität (pH-Wert) der Maische wird nicht nur durch das verwendete Wasser, sondern auch durch das Getreideschrot darin beeinflusst. Wenn man mit Malzextrakt (s. S. 36) arbeitet, hat das Wasser weniger Einfluss auf das Bier, weil der Maischeprozess bereits stattgefunden hat.

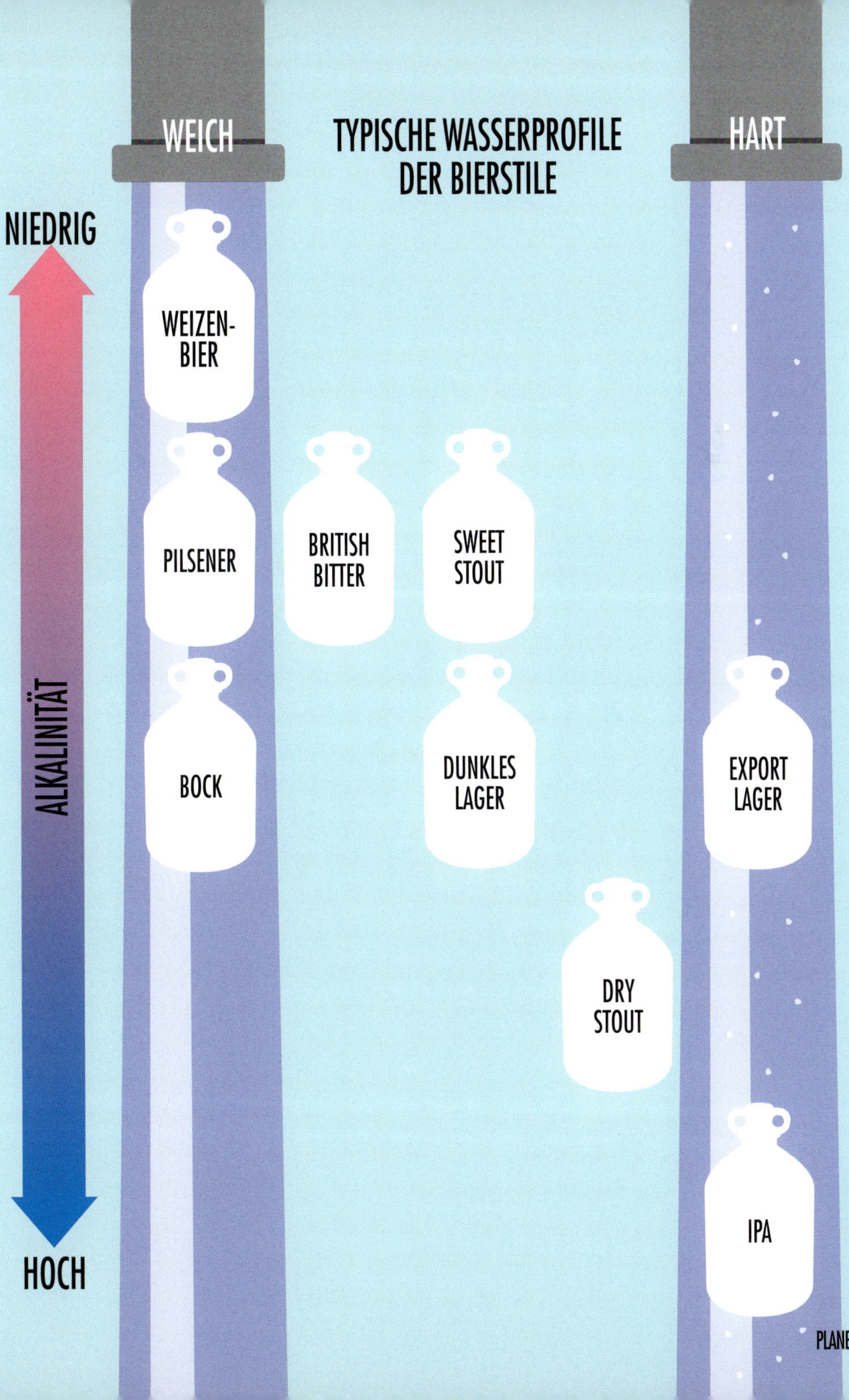
WEICH
TYPISCHE WASSERPROFILE DER BIERSTILE
HART
NIEDRIG
ALKALINITÄT
HOCH
WEIZEN-BIER
PILSENER
BRITISH BITTER
SWEET STOUT
BOCK
DUNKLES LAGER
EXPORT LAGER
DRY STOUT
IPA

MALZ

Malz ist Getreide, das eingeweicht, zum Keimen gebracht und getrocknet wurde. Dieses Malz kann man dann zum Brauen oder Destillieren verwenden. Am gängigsten ist gemälzte Braugerste, aber auch Reis und Hirse werden verarbeitet. Malz wird gerne als „Rückgrat" eines Bieres bezeichnet und liefert die zur Biergärung benötigten Zucker.

GESCHMACK

Malz hat einen großen Einfluss auf Farbe, Geschmack, Körper und Schaum des Bieres. Dunkleres Malz liefert Röst-, Schokolade- und Kaffeenoten, während bernsteinfarbenes Malz Toffee- und Karamellnoten beisteuert. Helles Malz ist eher fein, oft mit Honig- und Biskuitnoten.

MÄLZEN

Gerstenkörner speichern Zucker in Form von Kohlenhydraten (Stärke). Während des Keimens werden diese Kohlenhydrate in einfachere Zucker aufgespalten, die man zum Brauen benötigt. Eine feuchte und warme Umgebung führt dazu, dass die Getreidekörner zu keimen beginnen. Die in den Körnern enthaltene Stärke wird in Zucker umgewandelt, bevor der Vorgang durch das Darren gestoppt wird.

FARBSPEKTRUM

Die Färbung reicht von sehr hellem Malz für Ale und Lager bis hin zu dunklerem oder fast schwarzem Malz. Dunkler geröstete und Spezialmalze können Farbe und Geschmack des Bieres maßgeblich beeinflussen.
Für dunkles Bier braucht man nur ganz wenig dunkles Malz. Der Hauptanteil jeder Maischerezeptur besteht immer aus hellem Malz. Man bezeichnet es als Basismalz, weil es mehr Zucker enthält, der dann in Alkohol umgewandelt wird.

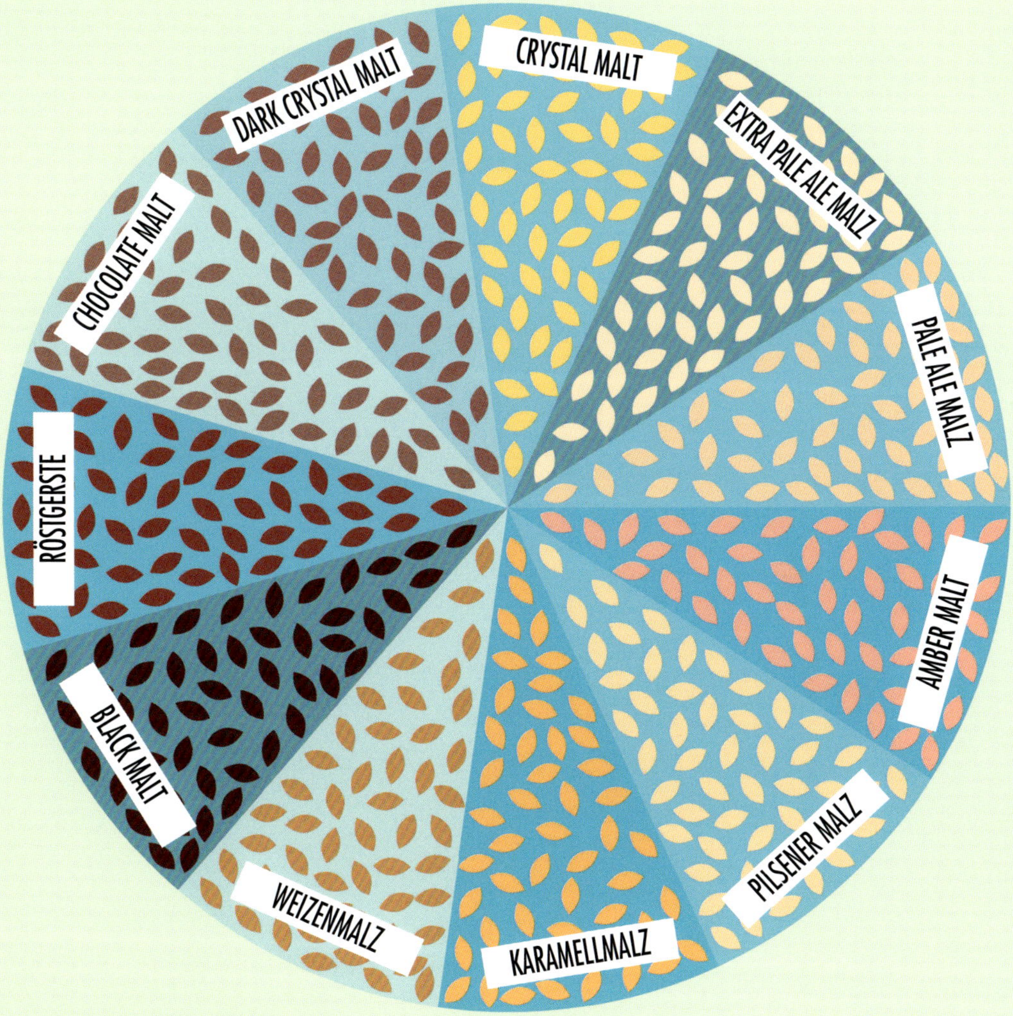
CRYSTAL MALT
EXTRA PALE ALE MALZ
PALE ALE MALZ
AMBER MALT
PILSENER MALZ
KARAMELLMALZ
WEIZENMALZ
BLACK MALT
RÖSTGERSTE
CHOCOLATE MALT
DARK CRYSTAL MALT

DER ABLAUF DER MÄLZUNG

Samen oder Körner enthalten Stärke. Sobald die äußeren Bedingungen gegeben sind und der Samen zu keimen beginnt, wird die Stärke in Zucker umgewandelt. Das Mälzen ist die sorgfältige Steuerung dieses Prozesses, bei dem die Keimung gestoppt wird, sobald der für das Brauen gewünschte Zuckergehalt erreicht ist. Das Mälzen läuft folgendermaßen ab:

1. KÖRNER

Das Rohprodukt sind meist Gerstenkörner.

2. BEFEUCHTEN

Die Körner werden warm und feucht gelagert, damit sie zu keimen beginnen.

MAILLARD-REAKTION

Die Bräunung des Malzes, die Farbe und Geschmack bringt, beruht auf der *Maillard*-Reaktion, die auch beim Braten eines Steaks abläuft. Benannt ist sie nach dem französischen Chemiker Louis-Camille Maillard, der diese Reaktion zwischen Aminosäuren und reduzierenden Zuckern beschrieb.

3. KEIMUNG

Stärke wird in Zucker umgewandelt.

4. DARREN

Das gekeimte Grünmalz wird getrocknet. Die Dauer des Darrens entscheidet über die Färbung des Malzes.

5. SCHROTEN

Durch Schroten der Malzkörner lösen sich die Zucker leichter auf.

HOPFEN

Hopfendolden nennt man die weiblichen Fruchtzapfen der Hopfenpflanze *Humulus lupulus*.

HOPFEN BRINGT WÜRZE

Das Hopfen hat für Bier eine vergleichbare Bedeutung wie das Würzen für Speisen. Selbst ein geringer Hopfenanteil kann sich sehr deutlich auf den Geschmack des Bieres auswirken.

INTERNATIONAL BITTERING UNITS (IBU)

Wird Hopfen länger als 60 Minuten gekocht, verwandeln sich die Alphasäuren, die in den Zapfen vorhanden sind, in Iso-Alphasäuren. Erst diese sorgen für die typische Bitterkeit, die in International Bittering Units (IBU) gemessen wird. Je höher der Wert, umso mehr Iso-Alphasäuren sind im Bier.

HOPFEN: ETWAS GESCHICHTE

Hopfen wird etwa seit dem 12. Jahrhundert regelmäßig in der Bierherstellung verwendet. Bei britischen Bieren ist er erst seit Ende des 15. Jahrhunderts üblich, als niederländische Brauer ihre Brauverfahren auf den britischen Inseln einführten.

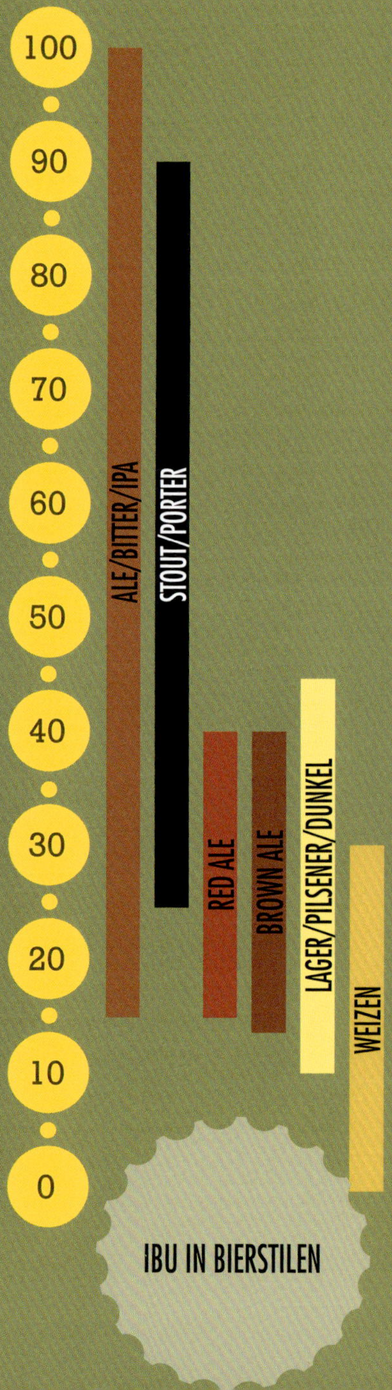

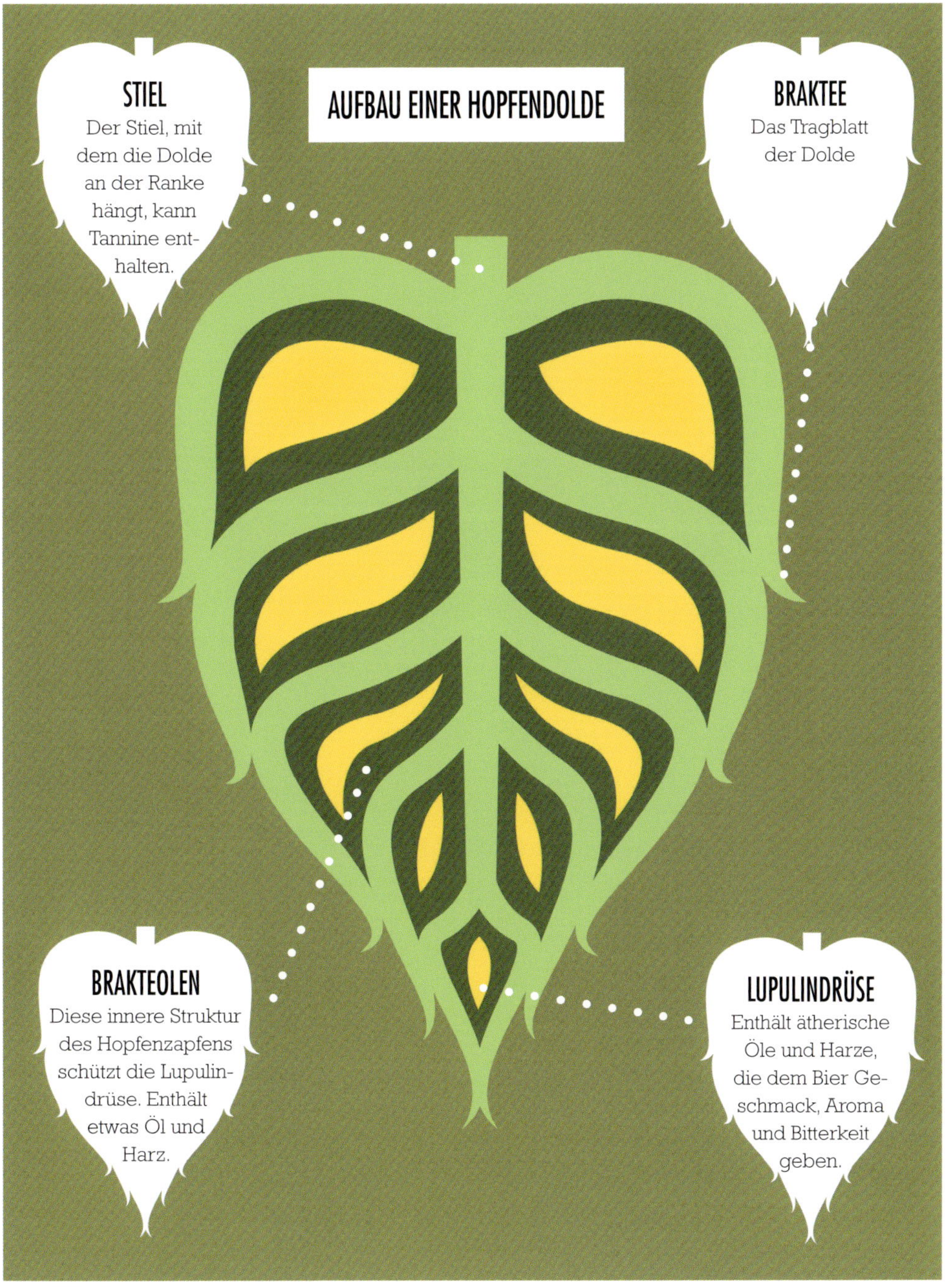
AUFBAU EINER HOPFENDOLDE
STIEL
Der Stiel, mit dem die Dolde an der Ranke hängt, kann Tannine enthalten.
BRAKTEE
Das Tragblatt der Dolde
BRAKTEOLEN
Diese innere Struktur des Hopfenzapfens schützt die Lupulindrüse. Enthält etwas Öl und Harz.
LUPULINDRÜSE
Enthält ätherische Öle und Harze, die dem Bier Geschmack, Aroma und Bitterkeit geben.

CASCADE
CHINOOK
CENTENNIAL
HALLERTAUER MITTELFRÜH
CHALLENGER
COLUMBUS
CITRA
SIMCOE
CLUSTER
WILLAMETTE
NELSON SAUVIN
AMARILLO

HOPFEN IST WICHTIG

Neben dem Einbringen von Bitternoten bringt Hopfen noch weitere wichtige Eigenschaften beim Brauen mit:

Geschmack: Je nach Hopfensorte entwickeln sich beim Kochen Bitterkeit und andere Geschmacksnoten, die die Süße des Malzes ausbalancieren.

Aroma: Das Einweichen von Hopfen in der Würze vor der Gärung oder die Kalthopfung (Hopfenstopfen) danach fügt intensive Aromen hinzu.

Schutz: Die antibiotische Wirkung von Hopfen kann das Bakterienwachstum hemmen und so das Bier länger haltbar machen.

Filter: Die ganzen Hopfendolden können im Kessel wie ein Filter wirken und helfen, unerwünschte Eiweißstoffe (Trub) vor der Gärung zu binden.

VERSCHIEDENE SORTEN

Die Hopfensorten unterscheiden sich hinsichtlich ihres Gehalts an Alphasäuren und ihrer Aromen. Wie bei Weintrauben beeinflussen Boden und Klima nachhaltig die Eigenschaften von Hopfen. Edelhopfen, meist aus Europa stammend, sind weniger bitter, dafür aromareich, subtil und erdig. Hopfen aus Amerika dagegen sind kräftiger und intensiver, was sich in stärkerer Bitterkeit und stärkerem Aroma niederschlägt.

GESCHMACK UND AROMEN VON HOPFEN

BLUMIG

ZITRUS

FRUCHTIG

WALDIG/HARZIG

KRAUTIG

WÜRZIG

ERDIG

HEFE

Hefe ist ein einzelliger Mikroorganismus und gehört zum Reich der Pilze. Obwohl Hefe im fertigen Bier meist unerwünscht ist, könnte man ohne sie nicht brauen.

ZUCHTHEFE

Bis Ende des 19. Jahrhunderts wusste man nicht genau, wie der Alkohol ins Bier kam. Das änderte sich durch die wichtigen Forschungen des französischen Mikrobiologen Louis Pasteur, der damals zwei Stämme von Brauhefen identifizierte: *Saccharomyces cerevisiae* und *Saccharomyces carlsbergensis* (später in *Saccharomyces pastorianus* umbenannt). Daraus wurden die heute gängigen Brauhefen gezüchtet.

WILDHEFE

Auch bestimmte wilde Hefen werden zum Bierbrauen genutzt. Sie bewirken meist einen scharfen, sauren Geschmack. Diese Wildhefen sind weniger berechenbar, doch besonders in Belgien hat man sich ihnen verschrieben und stellt damit großartige, komplexe Biere her.

CALIFORNIA ALE
Frische, neutrale Hefe; eignet sich gut für fast alle Bierstile.

BELGIAN WIT
Bringt etwas Süße mit, ist würzig mit phenolischen oder medizinischen Aromen.

SAISON
Produziert ein trockenes, herbes Bier mit vielen Phenolen.

BELGIAN ALE
Liefert starke Biere mit deutlich fruchtigem Charakter.

BAVARIAN WHEAT
Für Weizenbiere verwendet; entwickelt Bananen- und Gewürznelkenaromen.

PILSENER
Trockenhefe mit malzigem Abgang.

BRITISH ALE
Verstärkt den Malzcharakter eines Bieres.

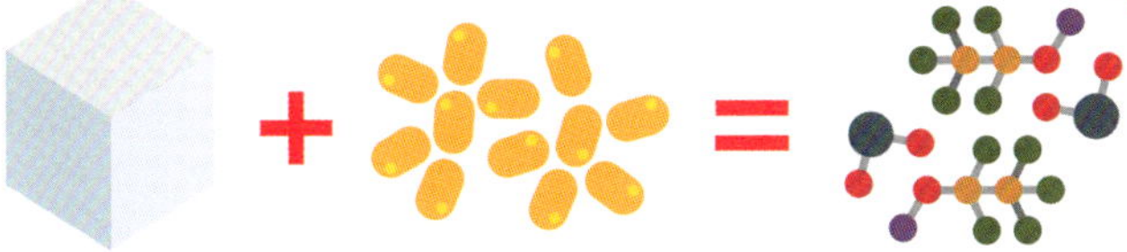

SO ARBEITET HEFE

Hefe ermöglicht die Entstehung von Alkohol durch Gärung. Der durch das Maischen gewonnene Zucker in der gehopften Würze wird in Kohlendioxid (CO_2) und Alkohol umgewandelt, während sich die Hefe durch Zellteilung (Knospung) vermehrt.

Brettanomyces ist eine wilde Hefe, die mittlerweile durch ihren breiten und gezielten Einsatz bei bestimmten Bieren als domestiziert gilt. Man findet diese Hefesporen in der Natur auf der Schale von Früchten oder in Holz. Letzteres führt zur „Infektion" von in Holzfässern gelagertem Bier.

GERMAN ALE/KÖLSCH

Frisch mit einem Hauch Honig; unterstreicht die Hopfenaromen.

LACTOBACILLUS

Wildhefe zur Produktion säuerlich schmeckender Biere.

BRETTANOMYCES

Trocken, rauchig, würzig und säuerlich.

BIERTYPEN

LAGER

Die Bezeichnung leitet sich von der Lagerung dieser Biere ab, die in den Wintermonaten gebraut werden und in kühlen Bierkellern bis zum Ausschank im Sommer lagern. Untergärige Lagerbiere werden mit der Hefe *Saccharomyces pastorianus* fermentiert, die kühlere Temperaturen bevorzugt. Traditionell reifte ein Lagerbier etwa 20–90 Tage, doch bei vielen modernen Lagerbieren wird auf diesen Reifeprozess verzichtet.

SACCHAROMYCES PASTORIANUS

Mit dieser untergärigen Hefe werden Lagerbiere produziert. Sie vergärt bei niedrigen Temperaturen um 10 °C.

ALE

Für diese obergärigen Biere wird die Hefe *Saccharomyces cerevisiae* eingesetzt, die nach der Fermentation oben auf der Würze schwimmt. Überschüssige Hefe lässt sich deshalb leicht für weitere Brauansätze ernten. Allerdings ist die oben schwimmende Hefe anfälliger für die Verunreinigung durch in der Luft vorhandene wilde Hefen.

WILDE BIERE (SPONTAN VERGORENE BIERE)

Diese Biere, die mit wilden, oft in der natürlichen Umgebung der Brauerei lebenden Hefen gebraut werden, sind meist säuerlich, herb und komplex. Belgische Lambic-Biere nutzen Hefen aus der Luft, „Brett"-Biere Hefen, die auf Früchten und Holzfässern sitzen.

SACCHAROMYCES CEREVISIAE

Diese obergärige Hefe wird für Ales eingesetzt. Sie fermentiert bei relativ hohen Temperaturen um 18 °C.

BIERSTILE

LAGERBIERE (UNTERGÄRIG)

PILSENER

Goldgelbes Lagerbier, ursprünglich aus der tschechischen Stadt Pilsen; biskuitaromatischer Malz mit frischer, grasiger Bitternote.

HELLES

Hellgelbes, weiches Lager aus Deutschland; heller und weniger intensiv als Pils.

WIENER LAGER

Bernsteinfarbenes Lager mit Toffee- und Karamellsüße, Röstnoten und geringer Bitterkeit.

CALIFORNIA COMMON

Bei Ale-Temperaturen vergorenes Lagerbier; meist im Wiener-Bierstil mit fruchtigen Noten. Auch als Steam Beer bekannt.

WILDE BIERE (SPONTANGÄRIG)

DUNKLES LAGER

In Deutschland als Schwarzbier bekannt. Schwarzes, fast undurchsichtiges Bier mit Kaffee- und Schokoladenoten.

BOCK

Starkes Lagerbier, meistens dunkel gefärbt und mit ausgeprägt malzigem Geschmack.

DOPPELBOCK

Stärkere, noch malzigere Variante des Bockbiers.

LAMBIC

Mit Hilfe von wilden Hefen spontan vergoren; herb, säuerlich und erdig.

GEUZE

Verschnitt aus einjährigem mit zwei bis drei Jahre altem Lambic; dieser Bierstil lebt von der Mischkunst des erfahrenen Braumeisters.

KRIEK/FRAMBOISE

Traditionelles belgisches dunkles Lambic, das unter Zugabe von Kirschen (Kriek) oder Himbeeren (Framboise) reift.

BIERSTILE

ALES (OBERGÄRIG)

BRITISH BITTER

Traditionelle britische Ales sind stark gehopft, daher die Bezeichnung „Bitter“.

ESB (EXTRA SPECIAL BITTER)

Malziger, fruchtiger und stärker als ein Bitter.

AMERICAN RED/BROWN

US-Variante der britischen Vorbilder. Ales mit einem üppigen Anteil an amerikanischem Hopfen.

PALE ALE

Hellere Version des British Bitter. Manchmal ähnlich leicht wie ein Lager.

IPA

India Pale Ale, stärkere und hopfigere Version des Pale Ale. Wurde früher von Großbritannien nach Indien verschifft.

BARLEY WINE

Starkes, malzig-süßes Bier; der Zusatz „Wine“ verweist auf den hohen Alkoholgehalt, nicht auf den Geschmack.

STOUT/ PORTER

Dunkles Bier mit Kaffee- und Schokoladenoten. Ursprünglich zwei verschiedene Stile, die heute vermischt werden.

IMPERIAL STOUT

Dunkles Stout, das früher nach Russland exportiert wurde, um den Zaren zu beeindrucken. Dunkle Fruchtigkeit mit viel Restsüße.

MILD

Ein etwas verkannter Stil: Ursprünglich ein frisches Ale, doch heute meist dunkel, mild gehopft und ein eher leichtes britisches Bier.

WEIZEN

Bandbreite vom deutschen Hefeweizen bis zum belgischen Wit; kann hell oder dunkel sein, hat jedoch immer einen großen Weizenanteil in der Maische.

BERLINER WEISSE

Deutsches Weizenbier mit zusätzlicher milchsaurer Gärung. Wird gerne mit Sirup gesüßt.

SAISON

Früher traditionell saisonal produziert. Wird heute mit gezüchteter Wildhefe vergoren.

KÖLSCH

Obergärige Bierspezialität, die nur in Köln gebraut werden darf. Süffig mit dezenter Honigsüße.

BIERSTAMMBAUM

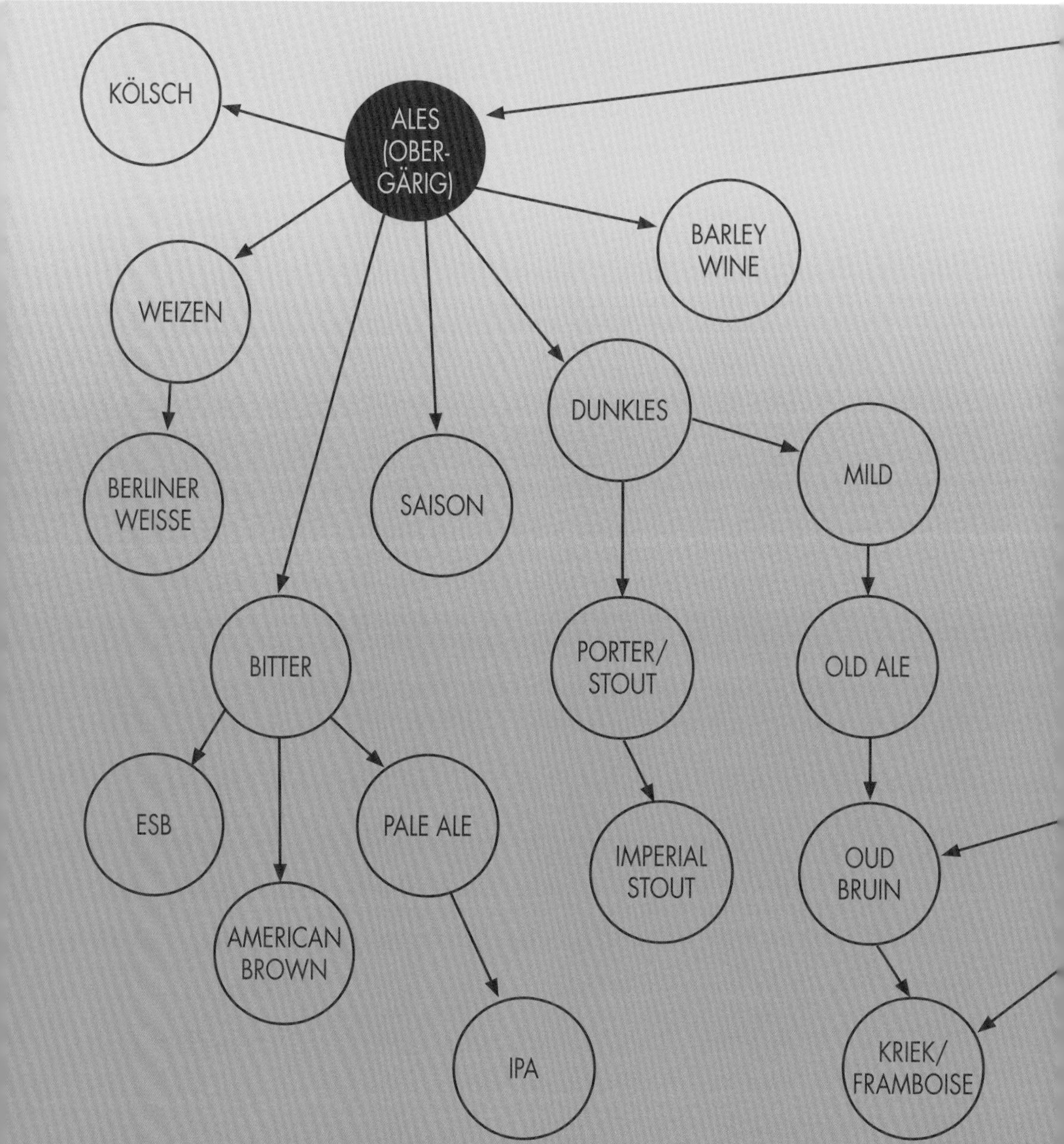

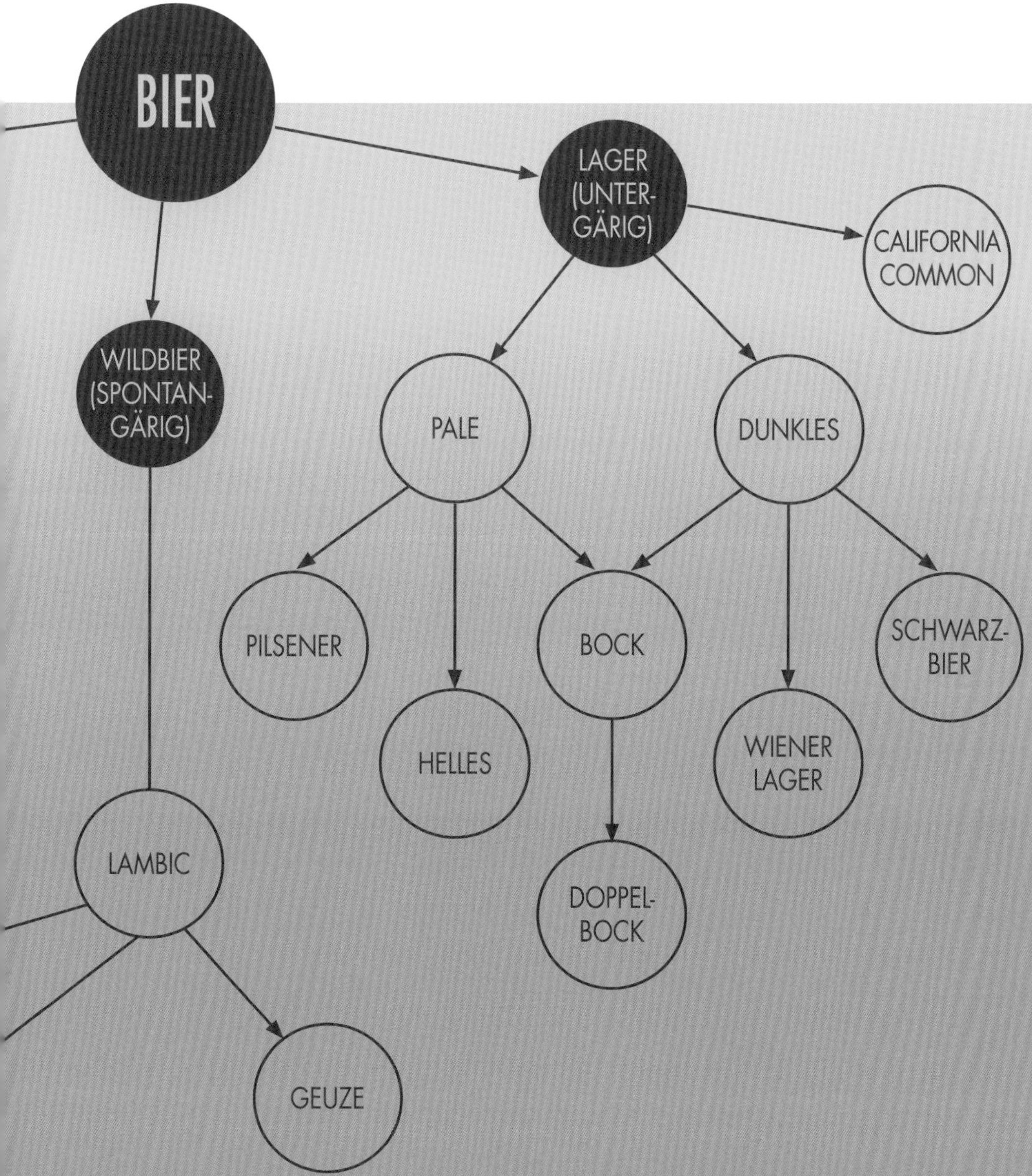
BIER
LAGER (UNTER-GÄRIG)
CALIFORNIA COMMON
WILDBIER (SPONTAN-GÄRIG)
PALE
DUNKLES
PILSENER
BOCK
SCHWARZ-BIER
HELLES
WIENER LAGER
LAMBIC
DOPPEL-BOCK
GEUZE

AUSRÜSTUNG FÜRS HEIMBRAUEN

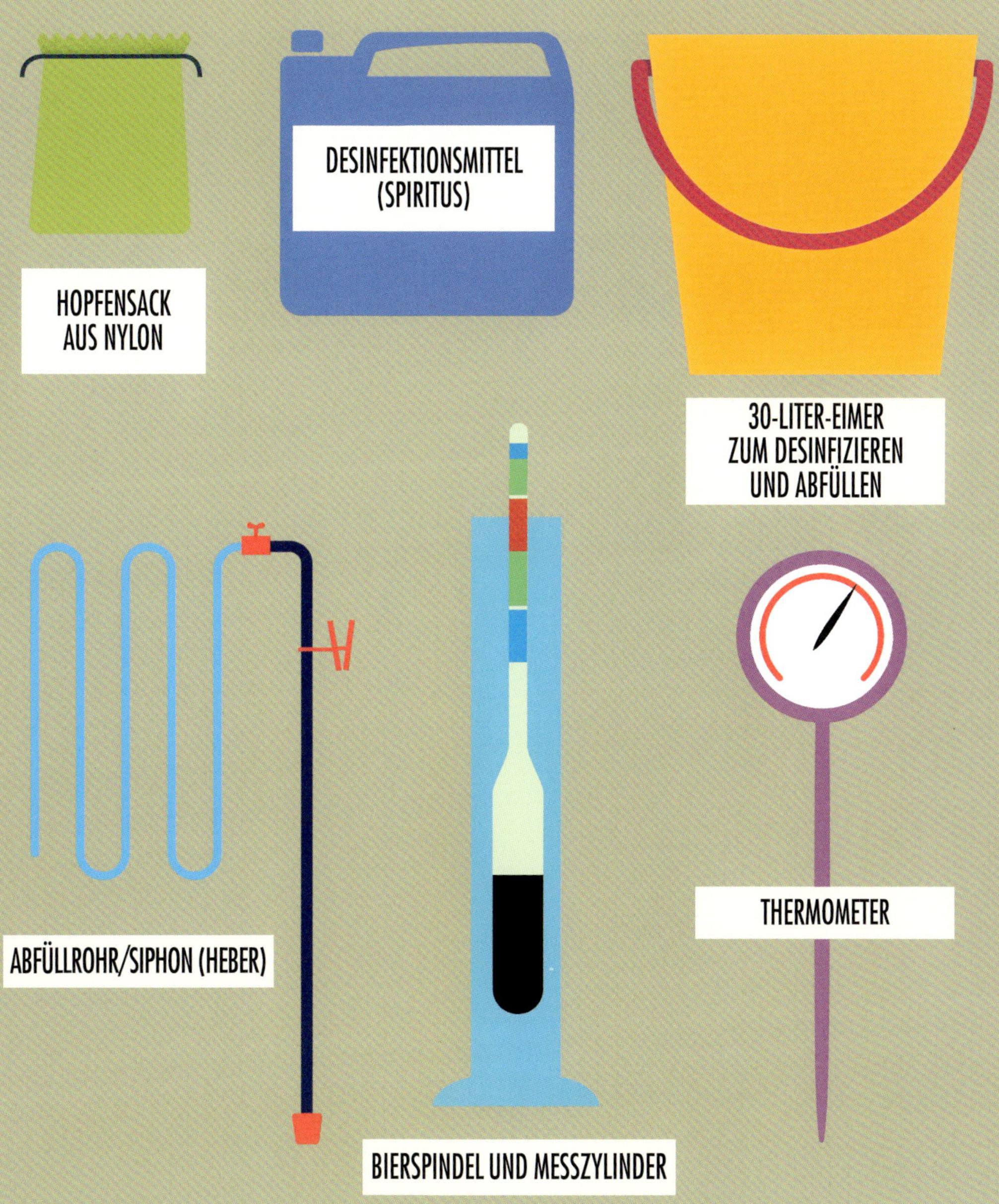
HOPFENSACK AUS NYLON
DESINFEKTIONSMITTEL (SPIRITUS)
30-LITER-EIMER ZUM DESINFIZIEREN UND ABFÜLLEN
ABFÜLLROHR/SIPHON (HEBER)
BIERSPINDEL UND MESSZYLINDER
THERMOMETER

ZUM ABFÜLLEN

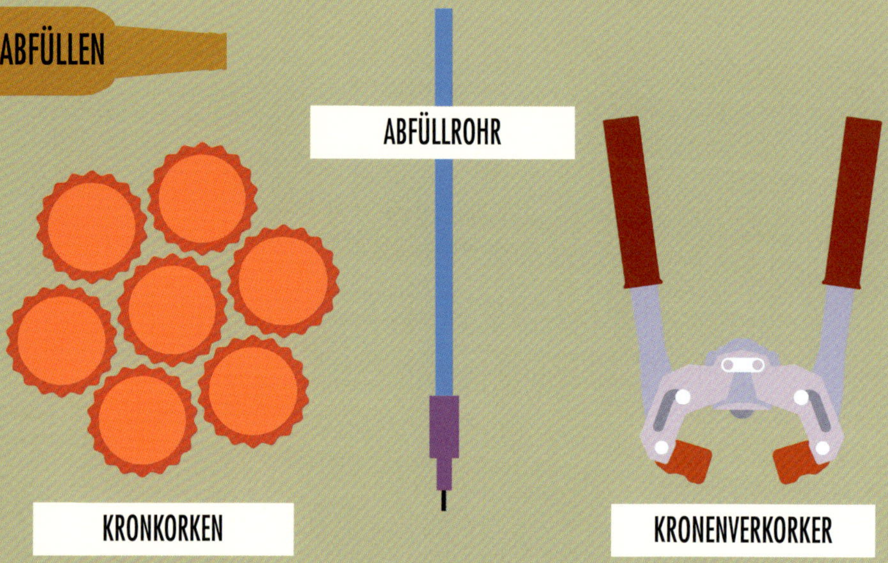

ZUSATZAUSRÜSTUNG

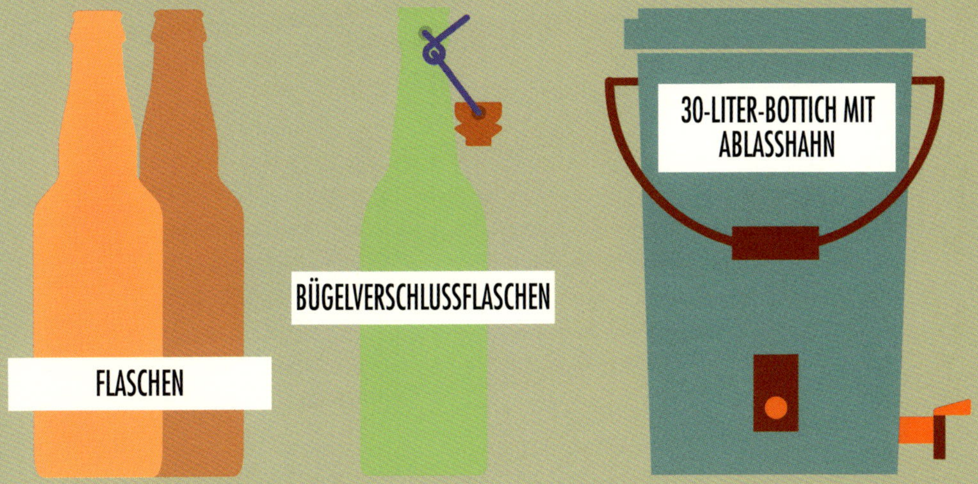
FLASCHEN
BÜGELVERSCHLUSSFLASCHEN
30-LITER-BOTTICH MIT
ABLASSHAHN

KÜHLSPIRALE
GLASBALLON MIT
GÄRRÖHRCHEN
PH-MESSSTREIFEN

EXTRAKTBRAUEN

Es gibt zwei grundlegende Varianten beim Heimbrauen: Extraktbrauen und Vollmaischebrauen. Das Extraktbrauen ist für Anfänger die einfachere und gängigere Variante: Malzextrakt wird mit Wasser vermischt und gekocht. Dann kommt Hopfen dazu, anschließend wird die Würze gekühlt und vergoren. Bei dieser Methode erspart man sich das Einmaischen, den ersten Schritt beim Vollmaischebrauen.

1. KOCHEN

Malzextrakt mit Wasser aufgießen. Diese sogenannte Würze wird gekocht.

2. HOPFEN ZUGEBEN

Der Hopfenanteil (je nach Rezept) sorgt für Bitterkeit und Aroma.

3. ABKÜHLEN

Die gehopfte Würze auf 20 °C abkühlen.

BRAU-KITS

Im Handel sind fertige Malzextrakte der beliebtesten Bierstile erhältlich. Brouwland (www.brouwland.com) bietet ein breites Sortiment an diversen Malzextrakten an. Man kann auch einzelne Malzextrakte kaufen und sie nach eigenen Rezepten mischen. Muntons beispielsweise produziert eine große Palette von Malzextrakten von hell über bernsteinfarben bis dunkel. Das helle Malz sollte immer als Basis dienen. Die sparsam eingesetzten dunklen, gerösteten Extrakte bringen Farbe und Geschmack. Wagemutige Extraktbrauer können Spezialmalzkörner im Basisextrakt einweichen, um dem Bier mehr Körper zu verleihen.

4. HEFE ZUGEBEN

Ist die Würze abgekühlt, die Hefe zugeben.

5. GÄREN

Die Hefe verwandelt Zucker in Alkohol und CO_2.

6. ABFÜLLEN

Das Bier in Flaschen füllen und eine Weile lagern.

VOLLMAISCHEBRAUEN

Für die meisten kommerziellen Biere nutzen Brauer weltweit das Brauverfahren mit Maische. Hierbei bilden Getreidekörner, meist gemälzte Gerste, den Ausgangspunkt und keine Würzmischung oder Malzextrakte.

Das Vollmaischebrauen ist etwas komplizierter und erfordert mehr Aufmerksamkeit als das Extraktbrauen, denn es gibt dabei mehrere Punkte zu beachten, die die Bierqualität beeinträchtigen können. Und es ist etwas teurer, denn man braucht eine Zusatzausstattung wie etwa einen Maischebottich. Außerdem verlängert sich der Brautag um mindestens eine Stunde. Dafür hat man eine bessere Kontrolle über den Brauprozess und kann eine größere Bandbreite von Bierstilen produzieren.

DER ABLAUF

1. ERHITZEN

Für ein Bier mit mittlerem Körper ist eine Wassertemperatur von rund 68 °C ideal. Grundsätzlich reicht aber ein Temperaturbereich von 63–75 °C aus.

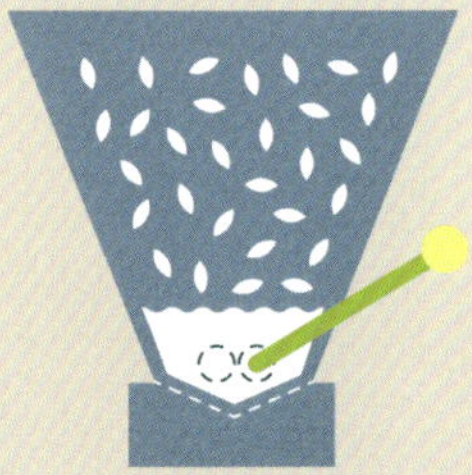

2. EINMAISCHEN

Geschrotetes Gerstenmalz zugeben und einweichen, um die Zucker zu extrahieren. Temperatur und Wasserqualität wirken sich entscheidend auf das Bier aus. Beim Einmaischen ist Präzision der Schlüssel zum Erfolg.

3. ANSCHWÄNZEN

Warmes Wasser zur Maische geben, um die Malzkörner auszuwaschen und mehr Extrakt zu gewinnen.

4. WÜRZE

Die zuckrige Lösung, die beim Einweichen des Malzes in heißem Wasser entsteht, wird stark durch Temperatur und pH-Wert der Maische beeinflusst.

5. KOCHEN

Die so gewonnene Würze kochen und Hopfen zugeben.

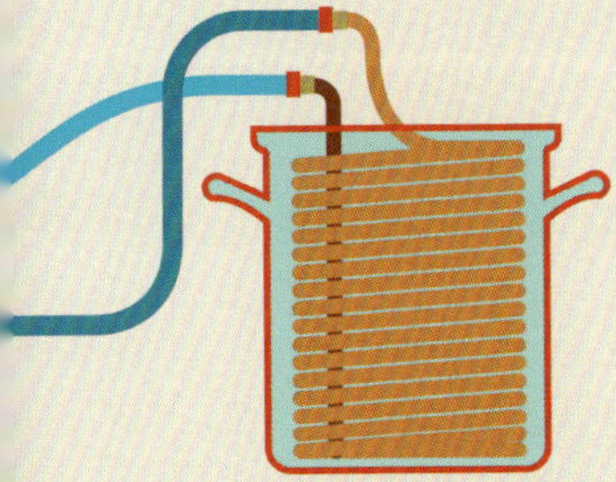

6. ABKÜHLEN

Die gehopfte Würze auf 20 °C abkühlen.

7. KALTHOPFUNG

Eine zusätzliche Hopfenzugabe intensiviert das Aroma.

8. HEFE ZUGEBEN

Sobald die gehopfte Würze kalt ist, kann die Hefe zugesetzt werden.

9. GÄREN

Die Hefe verwandelt Zucker in Alkohol und CO_2.

10. ABFÜLLEN

Das Bier in Flaschen füllen und eine Weile lagern.

BRAUEN

Auf der Basis eines soliden Wissens über Bierstile und den Brauprozess können Sie nun überlegen, welches Bier Sie gerne brauen möchten. Dieses Kapitel begleitet Sie durch einen Brautag und zeigt Ihnen, wie Sie die Gerätschaften vorbereiten und erfolgreich brauen können.

Viele Menschen sehen Parallelen zwischen Brauern und Köchen, denn beide nutzen ihre Fantasie, um Aromen zu kombinieren. Allerdings sind Brauer eher mit Konditoren zu vergleichen: Kreativität ist wichtig, doch für gute Ergebnisse entscheidend sind vielmehr Präzision und Wissen. Egal, ob Sie mit Ihrem ersten Extrakt-Kit brauen oder mit Ihrem eigenen Maischerezept experimentieren: Der Brauprozess unterscheidet sich insofern kaum, als dass mögliche Stolpersteine die gleichen sind.

Ihr erster Brautag wird sehr wahrscheinlich ein langer Tag sein, also planen Sie genug Zeit ein und beginnen Sie früh. Mit etwas Übung gehen die Dinge dann schneller von der Hand, und meist ist nach 5–6 Stunden alles erledigt und gereinigt. Wie bei jedem Projekt zahlen sich Planung und Vorbereitung aus: Stellen Sie eine Checkliste zusammen und gehen Sie alles gründlich durch, bevor es ans Brauen geht.

CHECKLISTE FÜR DEN BRAUTAG

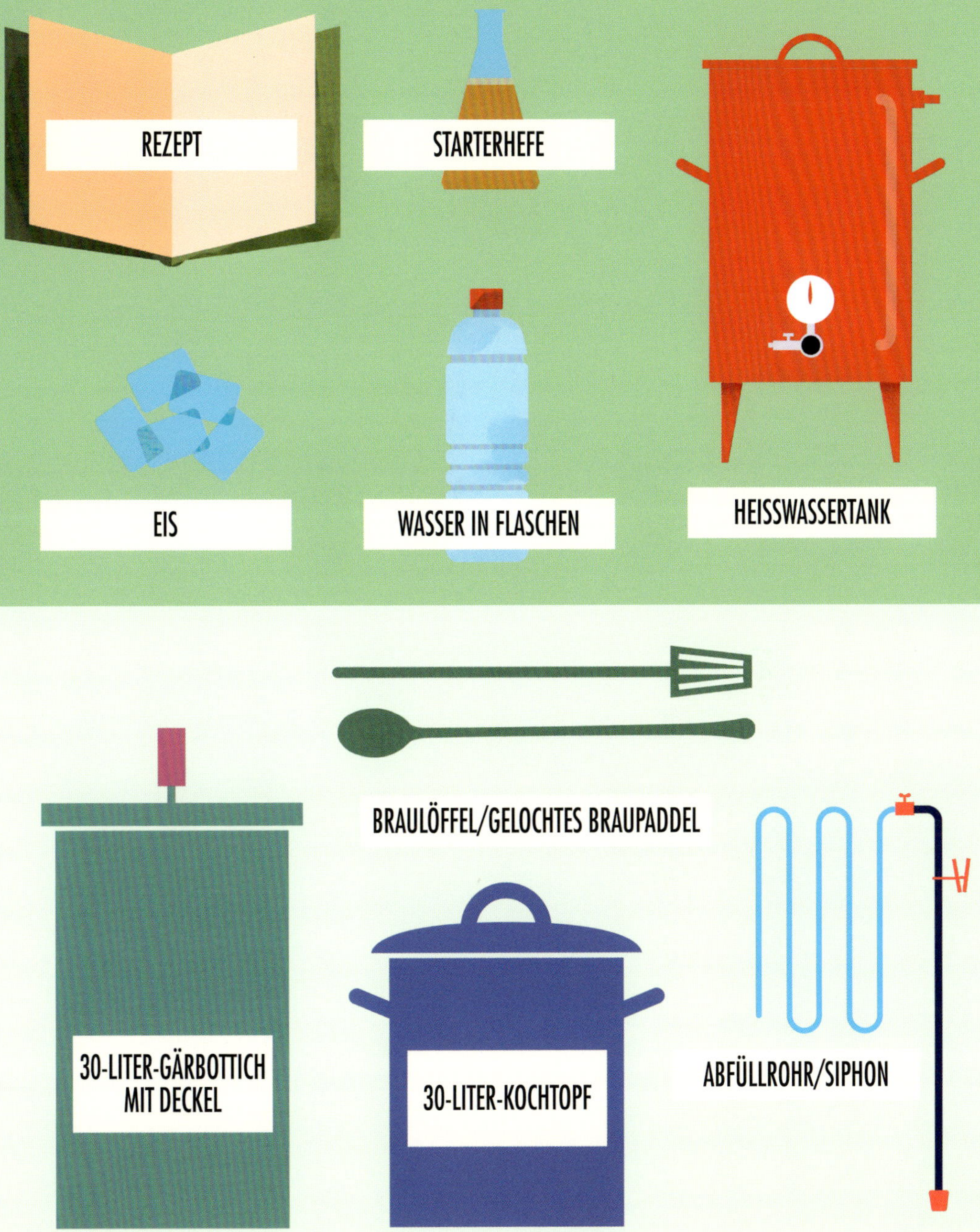
REZEPT
STARTERHEFE
HEISSWASSERTANK
EIS
WASSER IN FLASCHEN
BRAULÖFFEL/GELOCHTES BRAUPADDEL
ABFÜLLROHR/SIPHON
30-LITER-GÄRBOTTICH MIT DECKEL
30-LITER-KOCHTOPF

BEVOR ES LOSGEHT

AM VORTAG

- REZEPT MIT DEN VORHANDENEN ZUTATEN ABGLEICHEN
- GERÄTE SIND GEREINIGT UND ÜBERPRÜFT
- EIS BEFINDET SICH IN DER TIEFKÜHLTRUHE ZUM KÜHLEN DER WÜRZE
- HEISSWASSERTANK IST GEFÜLLT
- AUSREICHEND DESINFEKTIONSMITTEL IST VORHANDEN
- STARTERHEFE STEHT BEREIT (OPTIONAL)

AM MORGEN DES BRAUTAGS

AUSRÜSTUNG IST DESINFIZIERT

HEISSWASSERTANK IST ZUM AUFHEIZEN DES WASSERS ANGESCHALTET

ZUTATEN STEHEN BEREIT

HOPFENZUSÄTZE SIND BESCHRIFTET

DAS BRAUEN KANN BEGINNEN.

SAUBERKEIT UND HYGIENE

NICHT VERGESSEN

Alle Geräte zur Befüllung von Flaschen oder Keg-Fässern müssen sterilisiert werden, bevor das Bier damit abgefüllt wird.

Von den meisten Brauprofis hört man immer wieder, dass Brauen zu 90 % aus Saubermachen besteht. Bei allen verwendeten Teilen, die nach dem Kochen mit Würze und Bier in Kontakt kommen, ist besondere Reinlichkeit geboten. Zwar sterilisiert das Kochen die Würze und tötet alle zuvor aufgenommenen Keime ab, Sie sollten sich dennoch nicht darauf ausruhen. Infektionen durch einen schmutzigen Brau- oder Maischebottich sind zwar unwahrscheinlich, doch angebrannte oder karamellisierte Reste im Kessel können zu Fehlaromen führen. Maischebottich, Brauboiler, Kessel und Braulöffel sollten stets gut gereinigt werden.

DESINFIZIEREN

Ein Desinfektionsmittel tötet Bakterien, die die Würze oder die Hefe infizieren könnten. Professionelle Brauer verwenden meist Peressigsäure, weil dieses Desinfektionsmittel nicht abgespült werden muss und man so eine Infektion durch Verunreinigungen im Wasser vermeidet. Für Heimbrauer gibt es lebensmittelechte Desinfektionsmittel wie Chemipro OXI. Eine 70%ige Isopropanollösung ist eine preiswerte Alternative, um Armaturen abzuwischen. Wichtig ist, alles gut zu säubern und so gut es geht zu entkeimen!

PRÄZISION IST WICHTIG

Wenn der Brautag anbricht, sollten alle Vorbereitungen erledigt sein, damit man loslegen kann. Die folgenden Seiten führen Sie durch die Schritte des Brauvorgangs und helfen, die häufigsten Fehler zu vermeiden.

THERMOMETER KALIBRIEREN

Beim Brauen kommt es auf Genauigkeit an, das betrifft besonders die Temperaturen. Das Thermometer sollte regelmäßig geprüft und eventuell eingestellt werden, damit es genaue Messwerte liefert.

NIEDRIGSTE TEMPERATUR KALIBRIEREN

1. Eis und kaltes Wasser in eine Schüssel geben und einige Minuten stehen lassen, damit das Wasser richtig abkühlt.
2. Das Thermometer in das Wasser tauchen.
3. Es sollte 0 °C anzeigen.

HÖCHSTE TEMPERATUR KALIBRIEREN

1. In einem Topf Wasser zum Kochen bringen.
2. Nachdem das Wasser einige Minuten gekocht hat, das Thermometer hineintauchen.
3. Es sollte nun 100 °C anzeigen.

FEHLERSUCHE

Sollte einer der abgelesenen Werte von den oben genannten Temperaturen abweichen, muss das Thermometer neu kalibriert werden. Den Test wiederholen und darauf achten, dass die Messspitze nicht die Topfwand berührt, was zu Messfehlern führen könnte. Sind die Messwerte noch immer falsch, muss das Thermometer entsprechend der Bedienungsanleitung neu justiert werden.

VORBEREITUNG DER HEFE

Wird regelmäßig gebraut, sollte man stets einsatzbereite Hefe bereithalten. Bei gelegentlichem Brauen muss eine Starterhefe vorbereitet werden. Dies sollte geschehen, noch bevor man seine Gerätschaften auspackt, denn ohne Hefe ist eine Gärung nicht möglich.

TROCKENHEFE

Trockenhefe ist ideal für alle, die gerade erst mit dem Brauen beginnen, denn die Päckchen lassen sich lange lagern und enthalten viele aktivierbare Hefezellen. Es ist deshalb immer gut, einige Päckchen auf Vorrat zu haben. Die Hefe sollte eingeweicht werden, bevor man sie zur Würze gibt.

DER ABLAUF

1. WASSER ERWÄRMEN

250 ml warmes, zuvor aufgekochtes Wasser in einen desinfizierten Krug gießen. Die Temperatur sollte bei etwa 30 °C liegen.

2. HEFE ZUGEBEN

Zwei Päckchen Trockenhefe zugeben und den Krug mit Frischhaltefolie abdecken.

GOTTESGUT

Bevor Hefe als Mikroorganismus identifiziert wurde, wussten die Brauer bereits, dass sie für die Bierherstellung entscheidend ist. Sie verstanden vielleicht nicht, um was es sich dabei genau handelte oder wie sie wirkte, doch sie wussten um ihre Bedeutung. Englische Brauer nannten sie auch ,,Godisgood" (Gottesgut). Sie ernteten Hefe aus dem vorherigen Brauansatz und gaben sie zu der Würze, die vergären sollte. Man kann das natürlich auch heute noch so machen.

3. BLÄSCHEN

Zeigen sich innerhalb von 30 Minuten keine Bläschen, ist die Hefe möglicherweise abgestorben.

4. PRÜFEN

1 Teelöffel Malzextrakt oder Zucker in Wasser aufkochen. Abkühlen lassen und zur Hefe geben.

5. FERTIG

Nach 30 Minuten sollte die Mischung heftig schäumen. Sie ist nun fertig für die weitere Verwenduung.

DER ABLAUF

1. WASSER ZUGEBEN

In den Maischebottich 1 l Wasser pro 500 g Malz füllen.

2. ERHITZEN

Das Wasser auf etwa 70–73 °C erhitzen.

3. MALZMISCHUNG ZUGEBEN

Die Malzmischung entsprechend dem Rezept hineingeben. Die Temperatur sollte auf 65–68 °C fallen.

MAISCHEN

Beim Vollmaischebrauen muss vor dem Brauvorgang eingemaischt werden. Dabei werden Zucker durch Zugabe von warmem Wasser aus den geschroteten Malzkörnern gelöst. Indem man das Malz bei bestimmten Temperaturen eine gewisse Zeit ziehen lässt (Rast), werden Enzyme aktiviert, die die Getreidestärke in Zucker umwandeln. Diese können später von der Hefe vergoren werden.

4. TEMPERATUR HALTEN

Die Temperatur für eine Stunde möglichst genau auf 68 °C halten (Maltoserast).

5. RÜHREN

Alle 10 Minuten vorsichtig umrühren, regelmäßig die Temperatur kontrollieren. Ein Deckel hilft, die Temperatur konstant zu halten.

6. ERHITZEN UND ABKÜHLEN

Nach einer Stunde die Temperatur auf 77 °C erhöhen. Ständig umrühren, damit nichts anbrennt. Sobald die Zieltemperatur erreicht ist, die Wärmezufuhr stoppen und abkühlen lassen. Die Maische ist bereit zum Läutern und Anschwänzen.

LÄUTERN UND ANSCHWÄNZEN

Mit der Jodprobe wird zunächst überprüft, ob die Stärke vollständig in Zucker umgewandelt wurde. Auf einem weißen Teller gibt man 1–3 Tropfen Jodlösung auf etwas Maische. Eine gelbliche Verfärbung zeigt eine ausreichende Verzuckerung an, eine Blau- oder Rotfärbung weist auf unverzuckerte Stärke hin.

Bei einem positiven Ergebnis kann durch Läutern die klare flüssige Würze von den festen Maischerückständen getrennt werden. Beim Anschwänzen löst man durch Angießen von heißem Wasser möglichst viel Zucker aus dem Malzkuchen. Die Temperatur des Wassers für diesen Nachguss hat großen Einfluss auf die Qualität der Würze. Ideal sind 65–70 °C. Es gibt zwei Methoden des Anschwänzens: die kontinuierliche und die chargenweise, diese siehe unten.

DER ABLAUF

1. WASSER ZUGEBEN

Mindestens so viel Wasser mit etwa 70 °C bereithalten, wie auch anfangs zur Maische gegeben wurde (siehe Schritt 1 im Maischeprozess auf S. 52).

2. LÄUTERN

Einen Krug mit Würze unten abziehen und zurück in den Bottich gießen. Das Malzbett (Treber) liegt nun am Boden des Bottichs und wirkt wie ein Filter. Den Vorgang so oft wiederholen, bis die Flüssigkeit klar abläuft.

KONTINUIERLICHER NACHGUSS

Bei dieser Methode wird über etwa 60–90 Minuten warmes Wasser über den Malzkuchen gesprenkelt, das in den Kessel abläuft. Der Vorgang erfordert eine sorgfältige Temperaturkontrolle, zudem ist die Ausrüstung etwas teurer, doch es ist die effizienteste Methode.

CHARGENWEISER NACHGUSS

Diese Methode empfiehlt sich gerade für Einsteiger, denn sie ist schneller als das kontinuierliche Anschwänzen und erfordert weniger Überwachung und geringeren Geräteeinsatz. Allerdings ist sie um etwa 5 % weniger effizient, was eine etwas höhere Malzmenge erforderlich macht.

3. ABFLIESSEN LASSEN

Diese sogenannte Vorderwürze lässt man nun in den Kessel abfließen.

4. ANSCHWÄNZEN

Das Volumen der Vorderwürze abmessen. Etwa die gleiche Menge Wasser in den Läuterbottich gießen und Schritt 2 wiederholen, um im Treber zurückgehaltenes Extrakt zu lösen.

5. WIEDERHOLEN

Die Würze wieder in den Kessel abfließen lassen. Falls nötig, Schritt 3 und 4 wiederholen, bis die gewünschte Menge an Würze erreicht wird.

KOCHEN

Das Kochen ist entscheidend, um die Würze zu sterilisieren. An diesem Punkt kommen die beiden Braumethoden (Extrakt- bzw. Vollmaischebrauen) zusammen und verlaufen dann ganz ähnlich weiter.

HOPFENZUGABE

Der angestrebte Charakter des Bieres bestimmt, wie viel Hopfen und wann dieser zugesetzt wird. Die meisten Bitterhopfen erfordern eine Kochzeit von etwa einer Stunde, um die enthaltenen Alphasäuren umzuwandeln. Die Kochzeit dient vor allem beim Brauen mit Vollmaische dazu, die Koagulation (Gerinnung) von Proteinen zu fördern. Auch unerwünschte flüchtige Stoffe, die Fehlaromen verursachen können, verdampfen hier. Beim Extraktbrauen muss man die Würze nur so lange kochen, wie der Hopfen laut Rezept mitgekocht werden soll.

DER ABLAUF

1. KOCHEN
Die Würze aufkochen und die Startzeit notieren.

2. ERSTE HOPFENGABE
Den ersten Hopfen zur Würze geben.

ZUGABEZEIT

Beim Extraktbrauen wird der Hopfen direkt zugesetzt. Beim Vollmaischebrauen wird der erste Zusatz entsprechend der 60-minütigen Kochdauer berechnet. Soll der Hopfen beispielsweise nur 20 Minuten mitkochen, wird er 40 Minuten nach Beginn des Kochens zugegeben.

HEISSTRUB

Beim Kochen der Würze bildet sich durch Koagulation der Proteine Schaum. Dieser sogenannte Heißtrub ist ein gutes Zeichen, denn das Bier klärt sich bei diesem Prozess. Um ein Überkochen zu verhindern, die Würze mit kaltem Wasser besprühen oder die Hitze etwas reduzieren. Die Hopfenzugabe kann die Schaumbildung noch unterstützen.

3. WEITERE HOPFENGABEN

Je nach Rezept weitere Hopfenmengen zu bestimmten Zeitpunkten zugeben.

4 IRISH MOOS

Nach Wunsch Irish Moos 15 Minuten vor Ende der Kochzeit zugeben (meist mit einer weiteren Hopfengabe). Dieser getrocknete Tang unterstützt die Bindung der Proteine und liefert so ein klareres Bier.

5. LETZTE HOPFENGABE

Der letzte Aromahopfen wird in den letzten 5 Minuten der Kochzeit oder auch erst nach Abschalten der Hitzezufuhr zugegeben.

ZIEHEN LASSEN & ABKÜHLEN

Manche Rezepte sehen nach dem Kochen vor, dass der Hopfen noch etwas zieht. Wie beim Aufgießen von Tee belässt man den Hopfen in der heißen Würze, um seine Aromastoffe darin zu lösen.

AROMA & BITTERKEIT

Gegen Ende des Brauvorgangs zugesetzter Hopfen bewirkt ein intensiveres Aroma. Je länger er in der Würze verweilt, desto intensiver wird sein Aroma im Bier. Bei hohen Temperaturen verwandeln sich die Alphasäuren im Hopfen aber in Bitternoten – es gilt also, die feine Trennlinie zwischen Aroma und Bitterkeit zu beachten.

DER ABLAUF

1. HOPFEN ZIEHEN LASSEN

Den Hopfen in der heißen Würze ziehen lassen, gelegentlich mit einem sterilen Löffel umrühren. Der Deckel bleibt auf dem Kochkessel.

Nach dem Kochen ist die Bierwürze anfällig für Infektionen. Alles was nun damit in Kontakt kommt, sollte deshalb sterilisiert werden.

2. BIERWÜRZE ABZIEHEN

Das Hopfensäckchen, falls verwendet, aus der Würze nehmen. Ansonsten die Würze in ein steriles Gefäß abseihen.

3. KÜHLEN

Die Bierwürze möglichst schnell auf knapp unter 20 °C abkühlen, am besten mit einer sterilen Kühlspirale.

4. UMFÜLLEN

Die abgekühlte Würze in den Gärbottich umfüllen. An diesem Punkt ist es sinnvoll, die Würze zu belüften, denn Sauerstoff aktiviert die Hefe. Dafür kann man die Würze vor dem Umfüllen kräftig durchrühren oder beim Umfüllen durch ein Sieb laufen lassen.

STAMMWÜRZE

Bevor die Hefe zugegeben wird, muss man die Stammwürze (Zuckergehalt) der Würze kennen. Diese wird mit der Bierspindel (Aräometer) ermittelt. Als Referenz dient die Dichte von Wasser. Die Messung der Stammwürze (Ausgangsdichte) ermittelt den Zuckergehalt der Würze, woraus sich die Enddichte und der erzielbare Alkoholgehalt des vergorenen Bieres abschätzen lassen.

BIERSPINDEL KALIBRIEREN

Die Bierspindel sollte in 20 °C warmem Wasser den Wert 1000 anzeigen. Die Bierspindel wird in das auf 20 °C temperierte Wasser getaucht, das auch zum Brauen verwendet wird. Sie sollte dann genau den Wert 1000 anzeigen. Wenn nicht, muss die Abweichung bei der Messung berücksichtigt werden.

BENUTZUNG DER BIERSPINDEL

1. Etwas Würze in den Messzylinder füllen und die Spindel darin versenken.
2. Abgelesen wird der Wert an der unteren Wölbung der Flüssigkeit.

Mit der Ausgangsdichte als Basis kann durch weitere Messungen der Fortschritt der Gärung (s. S. 64–65) verfolgt werden. Dabei unbedingt auf sterile Gerätschaften achten.

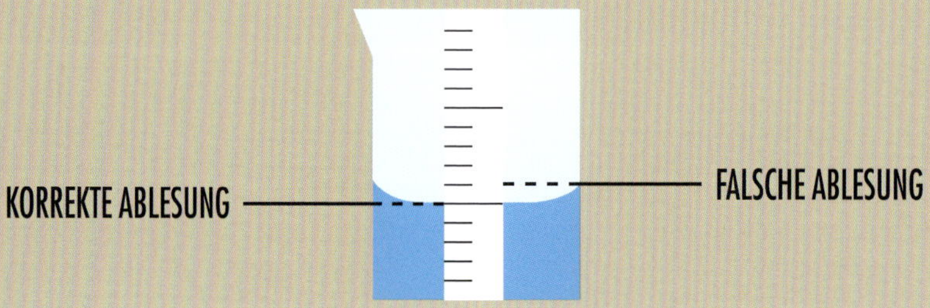

KORREKTURWERTE FÜR ABWEICHENDE TEMPERATUREN

Die Dichte wird normalerweise bei genau 20 °C ermittelt. Temperaturabweichungen können mit Hilfe der nachstehenden Tabelle korrigiert werden.

°C	KORREKTUR DICHTE
15	-0,0010
16	-0,0008
17	-0,0006
18	-0,0004
19	-0,0002
20	0
21	0,0002
22	0,0004
23	0,0006
24	0,0008
25	0,0010
26	0,0012
27	0,0014
28	0,0016
29	0,0018
30	0,0020
31	0,0022
32	0,0024
33	0,0026
34	0,0028
35	0,0030
36	0,0032
37	0,0034

HEFE ANSTELLEN

Sobald die Würze abgekühlt ist, kann die Hefe zugegeben (angestellt) werden, um die Gärung in Gang zu setzen. Der Hefezusatz (Zahl der aktiven Hefezellen) muss so bemessen werden, dass sich keine Verzögerungen oder andere Probleme bei der Gärung ergeben.

WIEVIEL HEFE SOLL MAN ZUGEBEN?

Im Fachhandel für Heimbrauer werden passende Säckchen mit Hefe für unterschiedlich große Brauansätze angeboten. Sie sind aber nur ein erster Anhaltspunkt. Einzelne Rezepte erfordern eventuell andere Dosierungen: Stärkere Biere benötigen beispielsweise zusätzlich Hefe.

TEMPERATUR

Hefezellen bevorzugen eine Starttemperatur von 20 °C, wobei niedrigere Temperaturen von 18–19 °C klarere Aromen, höhere Temperaturen von 21–23 °C fruchtigere Aromen bewirken. Ist die Würze zu heiß, tötet sie die Hefezellen ab; ist sie zu kalt, werden die Zellen nicht aktiv. Sobald die gewünschte Temperatur der Würze erreicht ist, kann die Anstellhefe zugegeben werden.

ALKOHOLGEHALT

Wenn die Hefe den Zucker in Alkohol verwandelt, zeigt die Bierspindel fallende Dichtewerte an. Die Menge des in Alkohol umgewandelten Zuckers ist ein Hinweis auf den Alkoholgehalt im vergorenen Bier.

$$\text{ALK \% VOL} = \frac{\text{AUSGANGSDICHTE} - \text{ENDDICHTE}}{7{,}36} \times 1000$$

HAUPTGÄRUNG

Bei der Hauptgärung werden die „einfachen", leicht zu vergärenden Zucker umgewandelt. Eine konstant auf 18–22 °C gehaltene Gärtemperatur sorgt für einheitlichere und berechenbare Resultate. Der Gärbehälter sollte deshalb nicht direkt im Sonnenlicht, sondern an einem gleichmäßig temperierten, gut zugänglichen Ort aufgestellt werden.

VERSIEGELN

Nach der Zugabe der Hefe (Anstellen) in den Gärbehälter wird ein Gärröhrchen aufgesetzt. Es erlaubt, dass Kohlendioxid entweicht, ohne dass Luft und Bakterien hineingelangen. Das Blubbern im Röhrchen ist ein Hinweis auf die ablaufende Hauptgärung.

WANN IST DAS BIER FERTIG?

Wie weit der Brauansatz vergoren ist, testet man mit der Bierspindel. Nach der abgeschlossenen Gärung sollte die Dichte bei rund einem Viertel (25 %) der Ausgangsdichte der Würze liegen. Lag beispielsweise die Ausgangsdichte bei 1.040, sollte sie nun auf 1.010 gesunken sein (.010 ist ein Viertel, also 25 %, von .040). Je nach Hefe, Temperatur und Bier kann das zwischen drei Tagen und zwei Wochen dauern. Um das Infektionsrisiko durch wiederholtes Öffnen des Gärbehälters zu reduzieren, gehen viele Heimbrauer standardmäßig von zwei Wochen aus.

DIE GÄRUNG STOPPEN

Wenn die Gärung von alleine stoppt, ist die endgültige Dichte erreicht. Sollte die angestrebte Dichte bereits vor dem Gärungsstopp erreicht werden, kann man die Hefeaktivität durch Abkühlen des Bieres auf 5 °C zum Erliegen bringen.

Zur Umrechnung der Dichte in Plato (°P) bzw. Gewichtsprozente findet man entsprechende Tabellen im Internet (z. B. http://hobbybrauer.de).

GÄRRÖHRCHEN
GÄRBEHÄLTER (GLAS/PLASTIK)
HEFE + ZUCKER = KOHLENDIOXID + ALKOHOL
WÜRZE

FORTGESCHRITTENE TECHNIKEN

ZWEITE GÄRUNG

Die zweite Gärung erfolgt, wenn das Bier nach der Hauptgärung von den abgestorbenen Hefezellen am Boden des Gärbottichs abgezogen wird. Beim sogenannten Abschlauchen besteht immer ein Infektionsrisiko, deshalb vorsichtig arbeiten und alles gründlich desinfizieren. Um die Zahl der Umfüllvorgänge zu minimieren, kann die zweite Gärung direkt in der Flasche oder im Keg-Fass stattfinden, doch das wird nur Brauern mit mehr Erfahrung empfohlen.

HOPFENSTOPFEN

Das Hopfenstopfen (Kalthopfung) wird in manchen Rezepten eingesetzt, um das Hopfenaroma zu intensivieren. Es kann auch eine zusätzliche leichte Bitternote bewirken. Gegen Ende oder nach Abschluss des Gärprozesses wird zusätzlich Hopfen zum Bier gegeben. Er sinkt darin im Verlauf mehrerer Tage langsam nach unten. Das Bier erhält dadurch ein komplexeres, intensiveres Aroma.

AUTOLYSE

Lässt man das Bier längere Zeit auf den abgestorbenen oder inaktiven Hefezellen stehen, kann das zu unangenehmen Fehlaromen führen, die durch die sogenannte Autolyse entstehen. Es handelt sich dabei um die Selbstauflösung ungesunder oder absterbender Hefezellen, was den Biergeschmack beeinträchtigt. Meist führt die Autolyse zu Umami-Aromen, die an verbranntes Gummi oder Sojasauce erinnern. Bei einigen dunklen, lange gereiften Starkbieren bringt das mehr Komplexität, im Allgemeinen ist es aber unerwünscht.

DER ABLAUF

1. DESINFIZIEREN

Flaschen, Verschlüsse, Abfüllschlauch und -rohr desinfizieren.

2. AUFKOCHEN

Den Zucker für die Dosage (siehe rechte Seite) in etwas Wasser aufkochen, damit er steril ist.

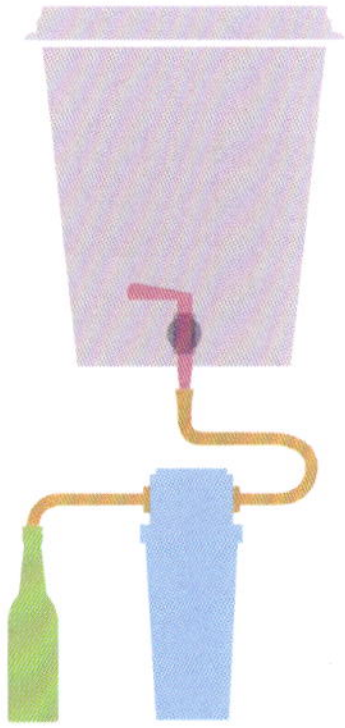

3. ABFÜLLUNG AUS DEM BOTTICH MIT HAHN ODER DEM GÄRBALLON

Bei Verwendung eines Bottichs mit Ablasshahn wird der Zucker dort hineingegeben. Das Bier vorsichtig in den Bottich füllen, aufpassen, dass nichts spritzt oder zuviel Sauerstoff einwirkt. Danach können die Flaschen über den Ablasshahn und das Abfüllrohr befüllt werden, bevor es mit Schritt 5 weitergeht. Kommt kein Abfüllbottich zum Einsatz, den Zucker im Gärballon vorsichtig unter das Bier rühren und 30 Minuten ruhen lassen.

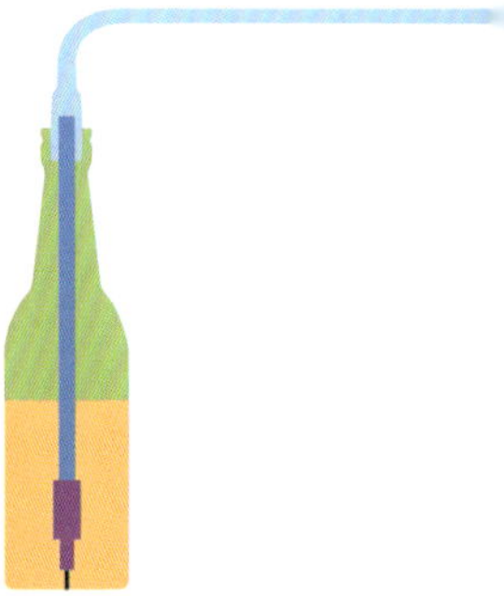

4. FLASCHEN FÜLLEN

Das desinfizierte Abfüllrohr bis zum Boden in die Flasche einführen. Das Bier zunächst ganz vorsichtig absaugen und den Schlauch dabei immer unter der Flüssigkeitslinie halten, damit keine Luft eingesaugt wird.

LAGERUNG UND REIFUNG

Sobald das Bier vergoren ist, muss es gelagert werden. Die Flaschenabfüllung ist am einfachsten und verlangt nur geringe Anfangsinvestitionen. Außerdem kann man sein Bier so gut mit Freunden, Verwandten und anderen Brauern teilen. Wird das Brauhobby intensiver betrieben, kommen vielleicht auch Keg-Fässer in Betracht.

ZUCKERDOSAGE/KARBONISIERUNG

Die meisten Brauer geben ihrem Bier beim Abfüllen etwas Zucker bei. Dies lässt das Bier in der Flasche weiter reifen. Zusätzlich wird Kohlendioxid (Karbonisierung) gebildet. Bei der Berechnung der benötigten Zuckermenge hilft etwa diese Website weiter: fabier.de/biercalcs.html.

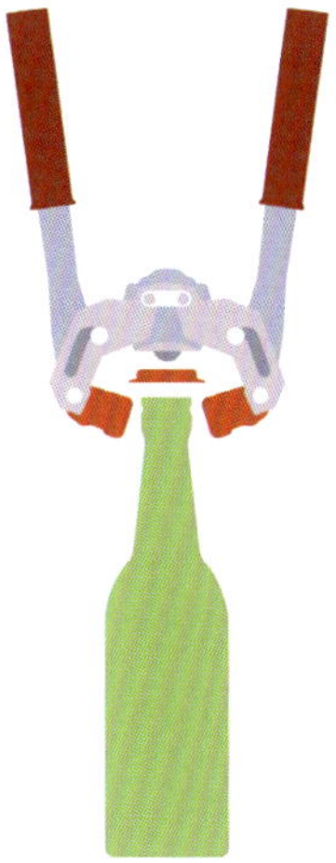

5. VERSCHLIESSEN

Einen Kronkorken auf die Flasche legen und mit dem Verkorker versiegeln. Den Vorgang wiederholen, bis das gesamte Bier abgefüllt ist.

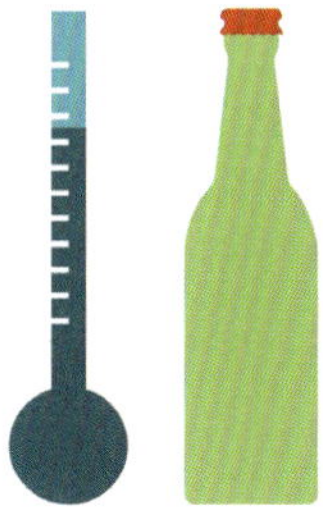

6. REIFEN

Das Bier sollte zur Reifung an einem warmen Ort bei 15–20 °C noch rund 2 Wochen gelagert werden.

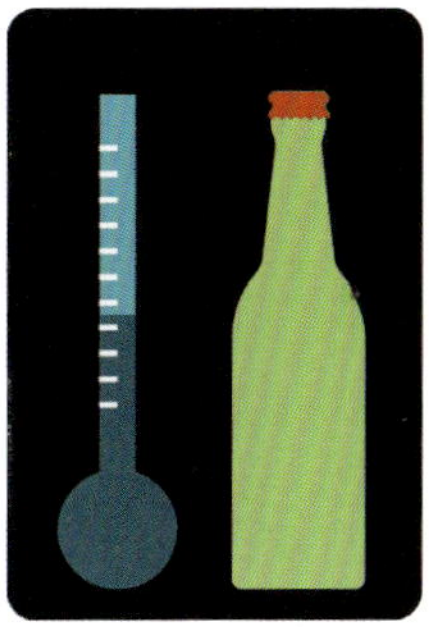

7. LAGERN

Für die Lagerung nach der Reifung empfiehlt sich ein dunkler und kühler Platz, wo das Bier ruht, bis es getrunken wird.

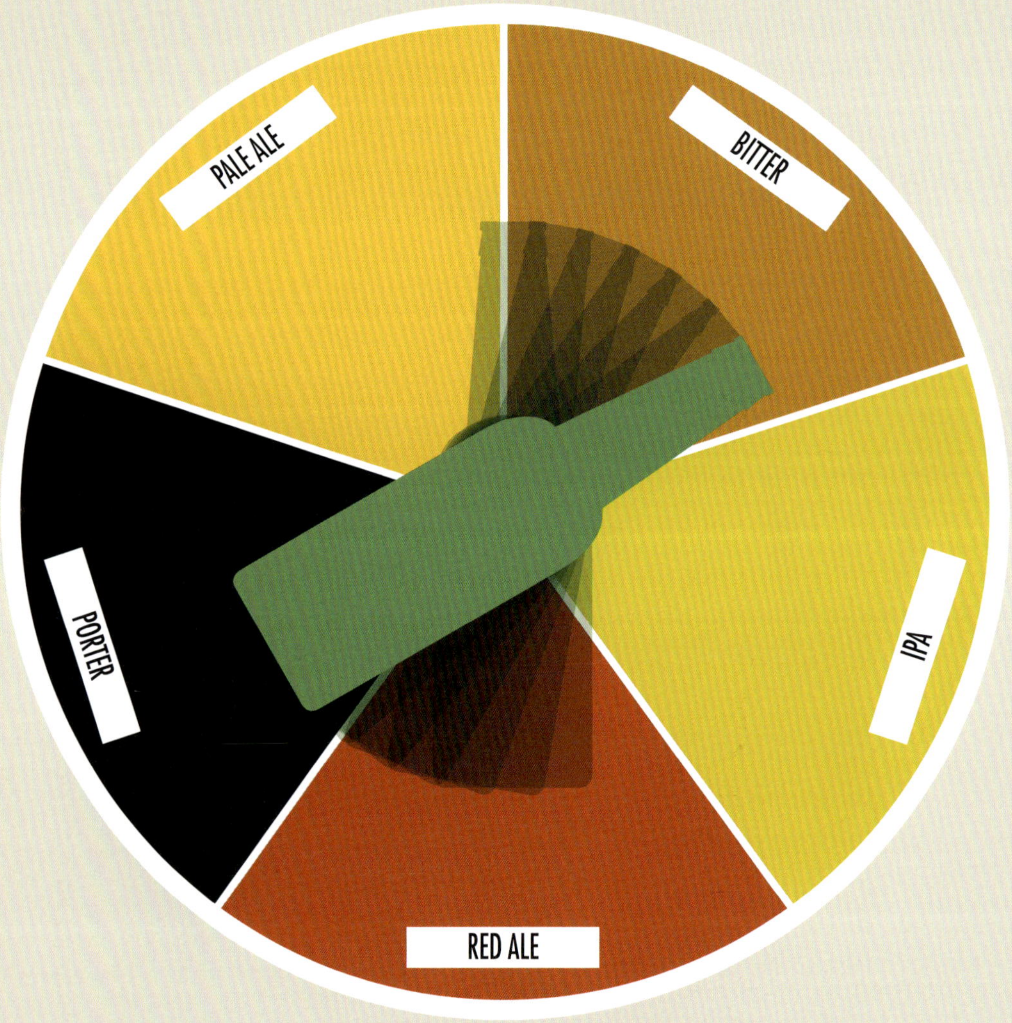
PALE ALE
BITTER
PORTER
IPA
RED ALE

AUSPROBIEREN

Mittlerweile haben Sie vielleicht schon ein eigenes Bier gebraut, das Sie mit Genuss getrunken haben (oder Sie sind zumindest bereit, demnächst damit zu beginnen). Ich empfehle, ein Rezept mehrmals zu brauen, damit Sie die Unterschiede zwischen den Chargen nachvollziehen und Ihr Produkt besser steuern können. Die Verkostung verschiedener Biere im direkten Vergleich kann sehr hilfreich sein, vor allem, wenn man sich Notizen dazu gemacht hat.

Abweichungen im Brauprozess können zu ungewöhnlichen Aromen oder Unterschieden hinsichtlich des Geschmacks, der Stärke oder der Farbe des Biers führen. In diesem Kapitel erläutere ich Ihnen häufig auftretende Geschmacksfehler, damit Sie diese identifizieren und vermeiden können. Außerdem liefere ich einige Rezepturen für gängige Bierstile im Maischebrauverfahren, die Ihnen hoffentlich zusagen werden.

AROMARAD

Aromen und Geschmack von Bier lassen sich meist den vier Grundzutaten – Hefe, Malz, Hopfen und Wasser – und den verwendeten Brauverfahren zuordnen. Schon geringe Veränderungen können den Geschmack spürbar variieren.

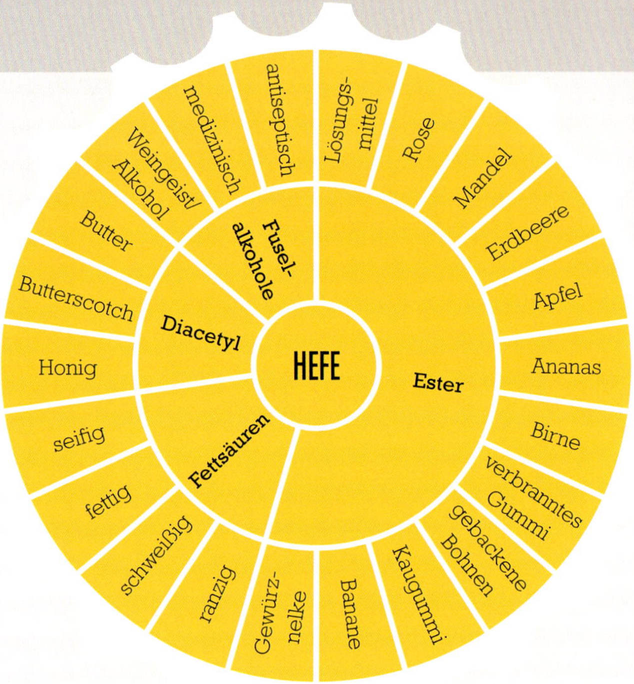

FEHLGESCHMACK

Die vier Aromaräder enthalten Bieraromen, die meist als Fehlgeschmack (Off-Flavour) angesehen werden, in bestimmten Bierstilen oder in kleinen Anteilen aber durchaus als akzeptabel gelten. In manchen Bieren sind auch bestimmte „gute" Aromen nicht willkommen.

DEN GAUMEN SCHULEN

Diese Aromaräder sollen helfen, den Gaumen zu schulen und den Ursprung von Geschmacksnoten zu identifizieren. So lassen sich die Brautechnik und der Geschmack des selbst gebrauten Bieres stetig verbessern. Geschmack ist sehr subjektiv, und die eigenen Vorlieben und Abneigungen können durch viele Geschmackserlebnisse beeinflusst sein.

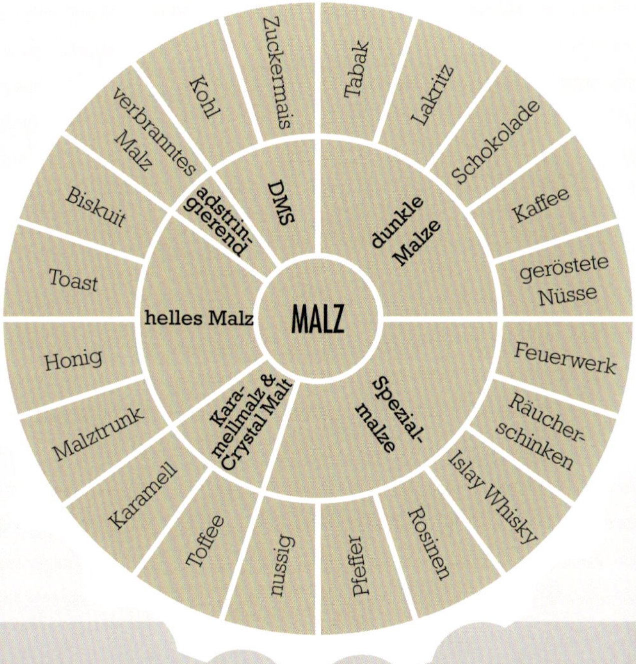

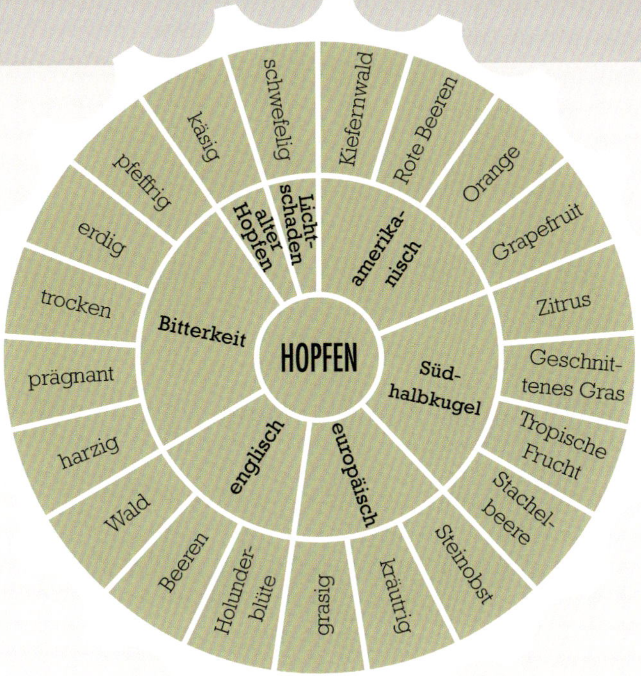
HOPFEN
amerika-
nisch
Süd-
halbkugel
europäisch
englisch
Bitterkeit
alter
Hopfen
Licht-
schaden
Kiefernwald
Rote Beeren
Orange
Grapefruit
Zitrus
Geschnit-
tenes Gras
Tropische
Frucht
Stachel-
beere
Steinobst
kräutrig
grasig
Holunder-
blüte
Beeren
Wald
harzig
prägnant
trocken
erdig
pfeffrig
käsig
schwefelig

WASSER
Natrium
Bitterkeit
weiches
Wasser
hartes
Wasser
Chloramine
salzig
Calcium-
carbonate
Calcium-
sulfate
leicht
frisch
Schwefel
bitter
metallisch
medizinisch

FEHLGESCHMACK IDENTIFIZIEREN

ACETALDEHYD

Riecht und schmeckt nach grünen Äpfeln – scharf, erinnert an Cidre. Geringe Anteile sind in hellem Lagerbier tolerierbar, gewöhnlich aber unerwünscht. Ursache können eine zu früh beendete Gärung, Oxidation oder Essigbakterien (*Acetobacter*) sein.

DIACETYL

Aromen von Butter, Butterscotch (Süßware aus Butter und Zucker) oder Honig verweisen auf diesen häufigen Fehler. Kleine Anteile sind akzeptabel und in manchen Ales und Pilsbieren sogar angenehm. Meist ist Ungeduld die Ursache: Man sollte dem Bier vor dem Abfüllen genug Zeit gönnen. Auch ungesunde Hefen oder Bakterien können zu Diacetylaromen führen.

ALKOHOL

Nach dem Gären ist zwar immer Alkohol vorhanden, doch im Übermaß schmeckt das Bier dadurch scharf oder weinartig. In Starkbieren ist das zu erwarten, doch in normalen Bieren wirkt ein hoher Alkoholgehalt zu dominant. Ursachen sind meist hohe Gärtemperaturen, ein zu hoher Anteil vergärbarer Zucker oder eine ungenaue Hefedosierung.

ADSTRINGENZ

Dieser immer unangenehme Fehler ist meist die Folge mangelnder Hygiene. Übermäßiger Hopfeneinsatz, ein hoher pH-Wert des Wassers oder zu hohe Temperaturen beim Nachguss sind weitere Ursachen. Deshalb Maische und Malz nie aufkochen.

BUTTERSÄURE

Dieser Fehler, im Englischen drastisch als „baby sick“ (Erbrochenes eines Säuglings) beschrieben, ist nie willkommen und wird gewöhnlich durch eine Infektion der Würze oder eines Sirupzusatzes vor der Gärung verursacht.

FEHLGESCHMACK IDENTIFIZIEREN

DIMETHYLSULFID (DMS)

Eine Geruchsnote, die an Kohl und gekochten Mais erinnert. Manche Menschen sind besonders sensibel für dieses Fehlaroma. Es entsteht meist durch mangelnde Hygiene oder zu niedrige Temperaturen beim Nachguss. Auch zu kurze Kochzeiten oder ungesunde Hefen können die Ursache sein. Für einige Lagerbiere wird dieses Aroma beim Mälzen allerdings bewusst angestrebt.

PHENOLE

Medizinische Aromen, Heftpflaster, Gewürznelken und der Geruch von Plastik oder Rauch sind typische Assoziationen. Meist ist eine Infektion durch wilde Hefen bei mangelnder Hygiene die Ursache. Auch Chlorphenole aus dem Wasser können schuld sein. Diese lassen sich gut mit einem Aktivkohlefilter vor dem Brauen entfernen.

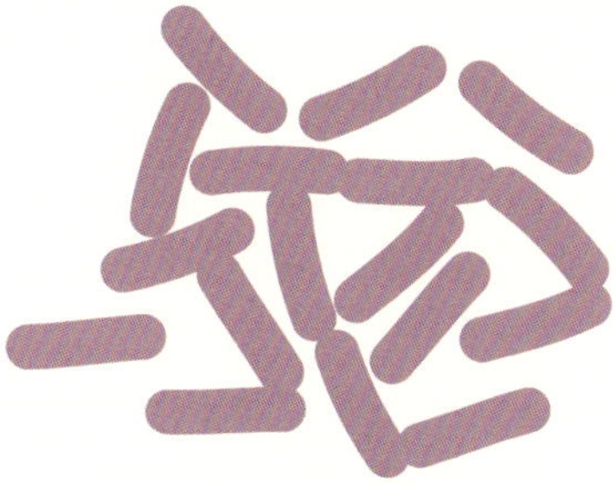

SÄUERLICH

Herbe und saure Aromen sind in manchen belgischen Bieren wie Lambic erwünscht, in den meisten anderen Bieren aber nicht. Bakterien wie *Pediococcus* und *Lactobacillus* können bei mangelnder Hygiene zum Problem werden. Weitere Ursachen sind zu hohe Gärtemperaturen oder überlanges (mehr als zwei Stunden) Maischen.

OXIDATION

Gewöhnlich ein Merkmal von altem, schalem Bier, das durch zu intensiven Sauerstoffkontakt der heißen Würze verschärft wird. Bei starker Oxidation kann ein Bier wie Sherry oder sogar wie Sojasauce schmecken.

GLEICHBLEIBENDE QUALITÄT

Konsequent befolgte Brauvorgaben sollten zu stets zuverlässigen Ergebnissen führen. Also immer darauf achten, dass die Hauptschritte beim Brauen und Vergären konsequent befolgt werden.

IRISH MOOS

Der Einsatz von Irish Moos am Ende des Kochvorgangs bewirkt ein klareres Bier.

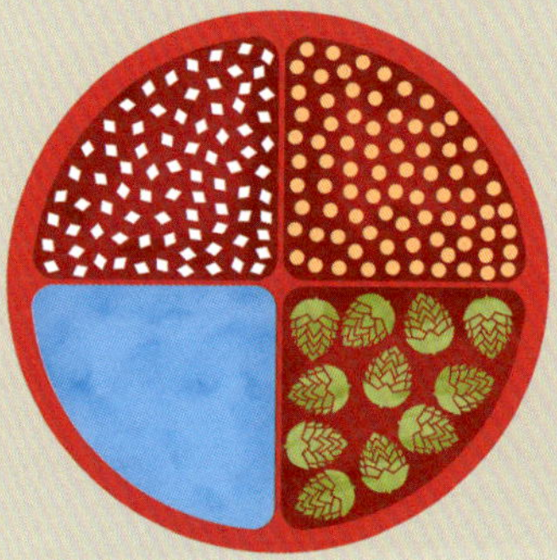

FRISCHE ZUTATEN

Frische Zutaten verwenden, denn alter Hopfen oder altes Malz können Probleme verursachen.

GENAUIGKEIT

Die Zutaten genau abwiegen.

GESUNDE HEFE

Frische, gesunde Hefe verwenden und drei Tage vor Braubeginn die Starterhefe ansetzen.

PH-WERT

Den pH-Wert des Brauwassers messen und die Maische auf pH 5,2 einstellen.

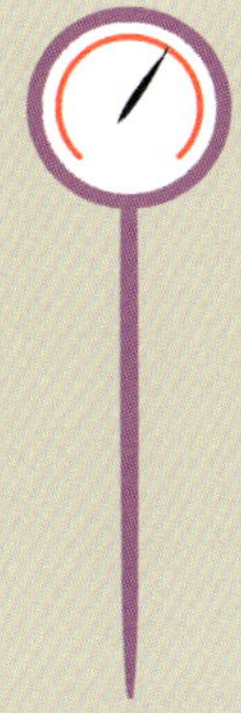

TEMPERATUR

Das Thermometer regelmäßig kalibrieren (s. S. 49), damit die Temperaturen beim Einmaischen exakt eingehalten werden.

Bei der Gärung für eine konstante Temperatur sorgen.

GUT KÜHLEN

Die Würze schnell abkühlen. Eine Kühlspirale ist eine gute Investition.

ZEITVORGABEN

Keinesfalls zu lange einmaischen oder zu kurz aufkochen. Idealerweise verwendet man bei jedem Brauansatz genau die gleichen Maisch- und Kochzeiten.

SAUBERKEIT

Der gesamte Brauprozess erfordert hygienisches Arbeiten, speziell nach dem Kochen, wenn die Würze für Infektionen anfällig ist.

WASSERMENGE

Die Wassermenge mit einem markierten Krug abmessen oder einen Durchflussmesser kaufen.

BEST BITTER

BEER STREET

LONDON BREWING CO.
ALK. 4 % VOL

Ich habe zwei Jahre für London Brewing Co. gearbeitet. Das „Beer Street" war ein Basisbier unserer Brauereipubs und bei den Besuchern sehr beliebt. Es ist ein klassisches englisches Brown Bitter mit frischem Abgang. Seinen Namen verdankt es einem bekannten Stich von William Hogarth.

Rezept: Adaptiert von Head Brewer (Braumeister) Rich White

GRUNDDATEN

ZIELVOLUMEN	20 l
KOCH-VOLUMEN	25 l
ALKOHOLGEHALT	4,0 % vol
ENDDICHTE	1.011
AUSGANGSDICHTE	1.042
PH-WERT	8,3

VERFAHREN UND ZEITVORGABEN

MAISCHEN	
Temperatur	Dauer
66 °C	60 Min.

GÄRUNG
18 °C

ZUTATEN

MALZ	
Pale	2,5 kg
Weizenmalz	250 g
Crystal	250 g
Chocolate Malt	30 g

HOPFEN			
	Menge	Zugabezeit	Merkmal
Goldings	26,67 g	60 Min.	Bitterhopfung
Fuggles	41,67 g	9 Min.	Aromahopfung

HEFE
S-04 SafAle English Ale

TIPP DES BRAUERS

Um diese britischen Hopfensorten optimal zur Geltung zu bringen, sollte das Brauwasser wie das Wasser von Burton-on-Trent hart eingestellt werden. Bevor man entsprechende Salze zufügt, besorgt man sich beim Wasserversorger eine aktuelle Wasseranalyse.

PALE ALE

CITRA PALE ALE

BREWERY BELOW
ALK. 4,3–4,8 % VOL

Während ich an diesem Buch schreibe, arbeite ich für Borough Wines & Beers. Wir richten gerade die 1-Barrel-Mikrobrauerei The Brewery Below in einem alten Gewölbe unter unserem Geschäft in Islington, London, ein. Mit diesem angepassten Rezept können Sie eine eigene Maischeversion unseres ,,Citra Pale Ale" brauen. Für Neueinsteiger haben wir auch ein entsprechendes 5-l-Brau-Kit entwickelt.

Rezept: Brewer in Residence (Hausbrauer) Daniel Price

GRUNDDATEN

ZIELVOLUMEN	20 l
KOCH-VOLUMEN	25 l
ALKOHOLGEHALT	4,3–4,8 % vol
ENDDICHTE	1.010–1.021
AUSGANGSDICHTE	1.047
PH-WERT	5,5

VERFAHREN UND ZEITVORGABEN

MAISCHEN	
Temperatur	**Dauer**
68 °C	60 Min.

GÄRUNG
18 °C

ZUTATEN

MALZ	
Pale	3,2 kg
Munich	227 g
Amber	227 g

HOPFEN

	Menge	Zugabezeit	Merkmal
Northern Brewer	14 g	60 Min.	Bitterhopfung
Citra	7 g	30 Min.	Aromahopfung
Citra	14 g	0 Min.	Aromahopfung
Citra	10 g	Kalthopfung	

HEFE
WLP001

TIPP DES BRAUERS

Damit ein Pale klar wird, muss die Würze vor dem Anstellen der Hefe unbedingt gut und schnell abgekühlt werden. Eine effiziente Kühlung und das Hopfenstopfen nach der Gärung sind ebenfalls wichtig: Man bezeichnet dies als „Cold Crash". Dies unterstützt auch das Absetzen von Schwebstoffen.

IPA

PUNK IPA

BREWDOG
ALK. 5,6 % VOL

Brewdog ist eine treibende Kraft innerhalb der Craft-Beer-Bewegung. Vor Kurzem wurden die Rezepte aller Biere veröffentlicht, die im Rahmen der Initiative *DIY Dog* entstanden, darunter auch das Punk IPA. Dies ist das Aushängeschild der Brauerei und ein gutes Beispiel für die moderne Interpretation eines klassischen Bierstils. Unbedingt die Website www.brewdog.com/lowdown/diydog besuchen und auch die anderen Biere ausprobieren.

Rezept: Brewdog DIY Dog

TIPP DES BRAUERS

Um bei der Kalthopfung (Hopfenstopfen) das beste Aromenprofil aus den Hopfen herauszuholen, empfehlen wir eine fünftägige Kalthopfung nach der Gärung. Der Hopfen sollte bei Kellertemperatur (14 °C) zugegeben werden, um besonders aromatische Hopfennoten im Bier zu erzeugen.

GRUNDDATEN

ZIELVOLUMEN	20 l
KOCH-VOLUMEN	25 l
ALKOHOLGEHALT	5,6 % vol
ENDDICHTE	1.011
AUSGANGSDICHTE	1.053
PH-WERT	4,4

VERFAHREN UND ZEITVORGABEN

MAISCHEN	
Temperatur	Dauer
66 °C	75 Min.

GÄRUNG
19 °C

ZUTATEN

MALZ	
Extra pale	4,38 kg
Karamellmalz	250 g

HOPFEN

	Menge	Zugabezeit	Merkmal
Chinook	20 g	60 Min.	Bitterhopfung
Ahtanum	12,5 g	60 Min.	Bitterhopfung
Chinook	20 g	30 Min.	Flavour-Hopfung
Ahtanum	12,5 g	30 Min.	Flavour-Hopfung
Chinook	27,5 g	0 Min.	Flavour-Hopfung
Ahtanum	12,5 g	0 Min.	Flavour-Hopfung
Simcoe	12,5 g	0 Min.	Flavour-Hopfung

HOPFEN

	Menge	Zugabezeit	Merkmal
Nelson Sauvin	12,5 g	0 Min.	Flavour-Hopfung
Chinook	47,5 g	Kalthopfung	
Ahtanum	37,5 g	Kalthopfung	
Simcoe	37,5 g	Kalthopfung	
Nelson Sauvin	20 g	Kalthopfung	
Cascade	37,5 g	Kalthopfung	
Amarillo	10 g	Kalthopfung	

HEFE
Wyeast 1056 – American Ale™

RED ALE

SOMETHING BREWED

ADNAMS
ALK. 4,5 % VOL

Anlässlich meiner Hochzeit 2014 war man bei Adnams so freundlich, mich dort ein Hochzeitsbier brauen zu lassen. Ich entschied mich für ein Red Ale (mein Lieblingsstil) mit Hopfen aus Amerika – Mosaic (für Mitch) und Simcoe (für Sarah, meine Frau). Belinda Jennings lieferte das Originalrezept und braute mit mir zusammen. Ich bin ihr und Chefbrauer Fergus Fitzgerald unendlich dankbar für ihre Unterstützung bei diesem großartigen Hochzeitsbier.

GRUNDDATEN

ZIELVOLUMEN	20 l
KOCH-VOLUMEN	25 l
ALKOHOLGEHALT	4,5 % vol
ENDDICHTE	1.011
AUSGANGSDICHTE	1.045
PH-WERT	5,2

VERFAHREN UND ZEITVORGABEN

MAISCHEN	
Temperatur	Dauer
68 °C	60 Min.

GÄRUNG
18 °C

ZUTATEN

MALZ	
Pale Ale Malt	3,4 kg
Münchner M. II	400 g
Roggenmalz	350 g
Amber Malt	180 g
Crystal 90	140 g
Chocolate	50 g

HOPFEN

	Menge	Zugabezeit	Merkmal
Chinook	20 g	60 Min.	Bitterhopfung
Simcoe	8 g	45 Min.	Bitterhopfung
Mosaic	19 g	10 Min.	Aromahopfung
Mosaic	30 g	0 Min.	Aromahopfung

TIPP DES BRAUERS

Adnams-Biere haben typischerweise Schwefelnoten, die an das nahe Meer erinnern. Sie resultieren aus den Gärhefen und den mineralischen Inhaltsstoffen des Brauwassers. Als Ersatz für die Adnams-Haushefe kann man eine Burton-Hefe verwenden.

HEFE
Adnams-Haushefe

PORTER

EXPORT INDIA PORTER

THE KERNEL
ALK. 6,0 % VOL

Evin O'Riordain gründete The Kernel in Bermondsey, London, nachdem er 2007 New York besucht hatte und dort mit verschiedenen Bierstilen in Kontakt gekommen war. Dieses Rezept geht ursprünglich auf das Buch *Old British Beers and How To Make Them* des Durden Park Beer Circle zurück. Es ist nicht genau das alte Barclay-Perkins- oder Whitebread-Bier, auf dem es beruht, da sich die verfügbaren Zutaten ebenso verändert haben wie der Geschmack der Menschen. Wie Evin sagt: „Wir möchten ein Bier machen, das wir heute trinken wollen, und nicht unbedingt ein Bier, das vielleicht Soldaten in Indien im 19. Jahrhundert geschmeckt haben mag. Also sind Veränderungen unvermeidlich."

GRUNDDATEN

ZIELVOLUMEN	20 l
KOCH-VOLUMEN	25 l
ALKOHOLGEHALT	6,0 % vol
ENDDICHTE	1.016
AUSGANGSDICHTE	1.060
PH-WERT	6
IBU	45–48

VERFAHREN UND ZEITVORGABEN

MAISCHEN	
Temperatur	Dauer
67 °C	60 Min.

GÄRUNG
20 °C

ZUTATEN

MALZ	
Marris Otter pale Malt	4,1 kg
Brown Malt	410 g
Chocolate	410 g
Crystal	410 g
Black	200 g

HOPFEN			
	Menge	Zugabe-zeit	Merkmal
Bramling X (6 % vol)	30 g	FWH*	Bitterkeit
Bramling X (6 % vol)	30 g	15 Min.	Flavour-Hopfung
Bramling X (6 % vol)	30 g	15 Min.	Flavour-Hopfung
Bramling X (6 % vol)	60 g	5 Min.	Flavour-Hopfung
Bramling X (6 % vol)	80 g	Kalt-hopfung	Aroma-hopfung

TIPP DES BRAUERS

Eine Dosage von 3,5 g Zucker pro Liter Jungbier und 10–12 Tage Reifung liefern rund 2,4 % vol CO_2.

** FWH – First Wort Hopping: Der Bitterhopfen wird vor dem Aufkochen zur Würze gegeben.*

HEFE
Ale-Hefe, hausgezüchtet (oder London-Hefestamm)

WACHSEN

Sie haben nun die Grundlagen verinnerlicht, brauen routiniert und genießen die selbst produzierten Biere. Wie geht es jetzt weiter? Obwohl man nur mit vier Grundzutaten arbeitet, kann eine minimale Veränderung bei jeder einzelnen Zutat oder bei einem der entscheidenden Schritte im Brauvorgang einen signifikanten Einfluss auf das Bier haben. Letztlich bedeutet dies, dass eine schier unendliche Vielzahl verschiedener Biere darauf wartet, von Ihnen gebraut zu werden.

Aber wie kann man die Sache etwas einschränken? Wie kann man sicherstellen, dass die wertvolle Zeit, die man in das Brauen investiert hat, nicht vergeblich war? Dieses Kapitel möchte Ihnen vermitteln, wie man mit Rezepten, Verfahren und Stilen spielen kann, um tolle Ergebnisse zu erzielen. Wir können hier nicht alle Facetten des Bierbrauens behandeln, doch wir können Ihnen Möglichkeiten zeigen, die Ihre Fähigkeiten als Brauer deutlich erweitern.

ONLINE GEHEN

Ich empfehle, einige Standardrezepte mehrfach zu brauen, bevor man sich an neuen Braurezepten versucht. Die intuitive Beherrschung der einfacheren Brauabläufe macht es deutlich einfacher, wenn man sich später an anspruchsvollere Brauvorhaben wagt.

BRAUEN IM INTERNET

Will man sein Rezeptrepertoire erweitern, sind entsprechende Quellen, wie etwa die zahlreichen Online-Foren und Social-Media-Plattformen, sehr hilfreich. Ganz egal, welche verrückte Idee einem vorschwebt, es gibt gute Chancen, dass irgendjemand in der globalen Heimbrauer-Community bereits damit experimentiert hat und seine Erfahrungen und Tipps teilt. Hier sind einige empfehlenswerte Quellen:

www.hausbraucommunity.de
www.hausgebraut.de
www.heimbrauforum.de
www.hobbybrauer.de

EXTRAKTREZEPTE ANPASSEN ODER AUFPEPPEN

Die Rezepte im vorhergehenden Kapitel beruhen alle auf dem Brauen mit Maische, doch das Brauen mit Kits oder Extrakt kann deutlich zeitsparender sein. Auch die Einstiegskosten liegen viel niedriger. Das bedeutet aber nicht, dass man nicht experimentieren könnte. Es gibt verschiedene Möglichkeiten, ein Extrakt-Kit aufzupeppen.

DEN HOPFEN VARIIEREN

Der Hopfen für ein Originalrezept ist gewöhnlich in einem entsprechenden Kit enthalten, doch man kann die Anteile variieren oder andere Hopfen verwenden. Durch die Variation mit verschiedenen Anteilen der einzelnen Sorten kann man viel über die Geschmacksqualitäten bestimmter Hopfensorten lernen.

HOPFENSTOPFEN – DRY HOPPING

Die meisten Brau-Kits sind sehr einfach gehalten und das Hopfenstopfen gehört meist nicht zum Ablauf. Doch natürlich kann man das Rezept abwandeln und etwa mehr Hopfen einsetzen und nach der Gärung durch eine zusätzliche Hopfung von 3–5 Tagen mehr Aroma erzielen.

EXTRAKT ZUGEBEN

Es gibt die verschiedensten Malzextrakte zu kaufen, also sollte man sie auch ruhig ausprobieren. Man kann beispielsweise den Malzextrakt in einem IPA-Kit durch dunklen Malzextrakt ersetzen, um ein dunkles IPA zu brauen.

Als Hilfe bei der Anpassung der veränderten Rezepte ist eine Software für Heimbrauer nützlich, z. B. von www.brewrecipedeveloper.de.

EIGENE REZEPTE ENTWICKELN

Eine Software für (Heim)Brauer hilft nicht nur beim Abwandeln eines Rezepts, sondern ist gerade bei der Entwicklung eigener Rezepte von großem Wert. Ein eigenes Rezept kann aus dem Wunsch entstehen, etwas Einzigartiges zu schaffen oder schlicht durch den Umstand, dass Zutaten nur eingeschränkt verfügbar sind.

DOKUMENTATION

Will man einen eigenen Brauansatz kreieren, ist es wichtig, auf umfassende Informationen über frühere Brauvorgänge zurückgreifen zu können. Die Qualität des Brau-Kits und der pH-Wert des verwendeten Wassers sind von großer Bedeutung für weitere Brauansätze.

ANPASSEN

Ich empfehle, zunächst einmal erprobte Rezepte anzupassen. Man ersetzt ein oder zwei der Zutaten durch andere, verwendet beispielsweise dunkleres Malz in einem Rezept für Pale Ale, um Red Ale zu brauen. Oder man setzt Röst- und Schokoladenmalz ein, um aus einem IPA ein Black IPA zu machen.

LAGER

BROOKLYN LAGER

BROOKLYN BREWERY
ALK. 5,2 % VOL

Lagerbiere sind nicht einfach in der Herstellung, nicht nur wegen der Anforderungen an eine effiziente und präzise Kühlung. Bereits kleine Mängel bei Hygiene und Brauablauf können zu „Fehlnoten" durch Malz, Hefe oder Wasser führen, die sich aufgrund der geringen Hopfenbitterkeit nicht kaschieren lassen. Garrett Oliver, früher selbst Heimbrauer, überließ uns dieses Rezept. Es ist ein Lagerbier im Wiener Stil mit etwas dunkleren Malzsorten, üppigem Körper und einem Abgang mit Zitrus-Orangenoten. Kein Wunder, dass dies das Aushängeschild der Brauerei ist.

Rezept: Garrett Oliver, Braumeister der Brooklyn Brewery

GRUNDDATEN

ZIELVOLUMEN	20 l
KOCH-VOLUMEN	25 l
ALKOHOLGEHALT	5,2 % vol
ENDDICHTE	1.012
AUSGANGSDICHTE	1.048
PH-WERT	5.4

VERFAHREN UND ZEITVORGABEN

MAISCHEN	
Temperatur	**Dauer**
47 °C	20 Min.
57 °C	5 Min.
69 °C	35 Min.

GÄRUNG
13 °C bis Gärung beginnt
Auf 11 °C für die restliche Gärung senken.
Auf 16 °C für 48 h Nachgärung erhöhen.
Auf 2,2 °C zur Lagerung (17 Tage) senken.

ZUTATEN

HOPFEN			
	Menge	Zugabe-zeit	Merkmal
Willamette	28 g	75 Min.	Bitter-hopfung
Cascade	9,25 g	35 Min.	Bitter-hopfung
Vanguard	12,6 g	35 Min.	Bitter-hopfung
Hallertau Mittelfrüh	14 g	2 Min.	Aroma-hopfung
Saphir	14 g	2 Min.	Aroma-hopfung
Cascade	14 g	2 Min.	Aroma-hopfung
Hallertau Mittelfrüh	42 g	7 Tage	Kalt-hopfung
Cascade	21 g	7 Tage	Kalt-hopfung

HEFE
White Labs 833 (German bock lager)

MALZ	
American 2-row	4,25 kg
Münchner (10 'L)	400 g
Karamellmalz (60'L)	300 g

TIPP DES BRAUERS

Um auf die Verzuckerungstemperatur von 69 °C zu kommen, gibt es zwei Methoden. Ist die Heizquelle stark genug, um die Temperatur der Maische schnell (in 5–10 Min.) aufzuheizen, kann man diese verwenden. Ansonsten mischt man so lange sehr heißes Wasser (93 °C) zur Maische, bis die Zieltemperatur erreicht ist. Dabei kräftig rühren, damit nichts anbrennt. Wird die Maische nicht schnell genug erhitzt, lässt sich die Würze nicht mehr gut vergären.

STEAM BEER

CANONBURY COMMON

BREWERY BELOW
ALK. 4,6 % VOL

Helle Lagerbiere wie Pils oder Helles haben einen sehr feinen Malzcharakter und sind nur leicht gehopft. Ihr dezenter Geschmack hat zur Folge, dass Braufehler oder selbst geringfügige Infektionen wahrzunehmen sind. Hier kann nichts kaschiert werden, die Fähigkeiten des Brauers sind deshalb sehr offensichtlich. Anfangs, als die nach Amerika ausgewanderten Europäer ihre traditionellen Bierstile dort brauten, verfügten sie nicht über die Kühlmöglichkeiten, die sie aus Nordeuropa kannten. So entstand das Steam Beer. Es ist ein meist dunkleres Lager im Wiener Stil und relativ leicht zu Hause zu brauen.

Rezept: Hausbrauer Daniel Price

GRUNDDATEN

ZIELVOLUMEN	20 l
KOCH-VOLUMEN	25 l
ALKOHOLGEHALT	4,6 % vol
ENDDICHTE	1.012
AUSGANGSDICHTE	1.048
PH-WERT	5,4

VERFAHREN UND ZEITVORGABEN

MAISCHEN	
Temperatur	Dauer
68 °C	60 Min.

GÄRUNG
18 °C

ZUTATEN

MALZ	
Pale	3 kg
Münchner	500 g
Carapils	500 g
Crystal 40	100 g

HOPFEN

	Menge	Zugabe-zeit	Merkmal
Northern Brewer	20 g	beim Start	Bitter-hopfung
Northern Brewer	12 g	0 Min.	Aroma-hopfung
Cascade	0.70oz (20 g)	-	Kalt-hopfung

HEFE
WhiteLabs WLP0810

TIPP DES BRAUERS

Nach Abschluss der Gärung das Bier noch einige Tage ruhen lassen. Man nennt diese Extrazeit bei Gärtemperatur „Diacethyl-Rast". Sie reduziert das Risiko unangenehm buttriger Fehlaromen.

SAUERBIER

Sauerbiere verdanken ihre Bezeichnung ihrem scharfen und oft säuerlichen Geschmack. Das liegt, wie bei den ersten überhaupt gebrauten Bieren, am Einfluss wilder Hefen und Bakterien. Seit Louis Pasteurs Forschungen über die Kontrolle der Hefen und bessere Hygienestandards haben die meisten Biere diese Eigenart verloren. Speziell in Belgien pflegt man diesen Bierstil aber mit Lambic, Geuze und flämischen Rotbieren weiter. Inzwischen kommt der Bierstil wieder in Mode. Obergärige Sauerbiere werden nach verschiedenen Verfahren gebraut.

MILCHSÄUREBAKTERIEN

Man kann ein fertig gebrautes Bier auch durch die Zugabe von *Lactobacillus*-Bakterien im Gärbehälter ansäuern. Das ist die schnellste, aber auch am wenigsten authentische Methode, um Sauerbier zu erhalten.

VORSICHT!

Hefen oder Bakterien, die in irgendeinem nicht gründlich gereinigten Winkel oder Spalt überleben, können künftige Brauansätze verderben. Wenn man also „normales" Bier brauen will, sollte man seine Gerätschaften besser nicht mit saurem oder infiziertem Bier in Kontakt kommen lassen.

KESSELSÄUERUNG

Für kesselsaure Biere verwendet man eine normale Würze, die aufgekocht wurde, um unerwünschte Bakterien abzutöten. Anschließend gibt man lebende Bakterienkulturen (Joghurt eignet sich gut) oder eine kleine Menge Getreide in einem Säckchen zu, um eine saure Maische zu imitieren. Bleibt die Würze dann einige Tage bei etwa 45 °C stehen, sollte ihr pH-Wert sinken. Eine regelmäßige Kontrolle ist wichtig. Sobald der gewünschte pH-Wert erreicht ist (für Berliner Weiße etwa 3,5–4,5), wird die Würze aufgekocht und dann umgefüllt.

SAURE MAISCHE

Saure Maische bildet sich, wenn der Maischbottich mit Getreide und Wasser mehrere Tage warm steht. Wilde Hefen in den Körnern beginnen spontan zu gären und säuern die Würze. Ist die gewünschte „Sauernote" erreicht, wird die Maische mit Wasserzugabe geläutert, in den Kessel gefüllt und aufgekocht, um alle nun unerwünschten Bakterien abzutöten.

LAMBIC UND WILDBIERE

Lambic-Biere werden durch natürliche Wildhefen, die in der Umgebung der Brauerei vorkommen, gesäuert. Diese spontane Gärung findet in offenen Bottichen statt und lässt sich nicht beliebig reproduzieren. Dieses Wissen wurde über Generationen von Brauer zu Brauer weitergegeben.

Es gibt inzwischen einige wilde Hefen wie *Brettanomyces* oder „Brett", die teilweise kultiviert wurden. In freier Natur lebt Brett auf den Schalen von Früchten. Bei der Bier- und Weinherstellung gilt eine Kontamination damit normalerweise als Fehler. Doch in einigen Bieren und Weinen ist gerade diese Brett-Note (Stallgeruch, Pferdeschweiß) erwünscht. Brett verträgt sich auch gut mit anderen Hefen. Das belgische Bier Orval, das in der Flasche geimpft wird, ist ein gutes Beispiel für diese Stilrichtung.

VORSICHT!

Die absichtliche Impfung eines Biers mit *Brettanomyces* zusätzlich zur ursprünglichen Brauhefe kann zu tollen komplexen Aromen führen, doch man muss sehr aufpassen. Brett ist eine sehr aggressive Hefe, die den Zucker fast ganz aufbraucht (trockene Biere) und viel Kohlensäure produziert. Man muss extra dicke Flaschen verwenden, die dem Druck standhalten und bei der Lagerung nicht explodieren.

BIER AROMATISIEREN

Bier kann aus den vier Grundzutaten ganz tolle Aromen entwickeln, doch einmal abgesehen vom deutschen Reinheitsgebot spricht nichts gegen die Verwendung anderer Zutaten.

AROMATISIERUNG

Die Zutaten können beim Maischen, Kochen oder bei der Gärung zugefügt werden. Ich empfehle die Aromatisierung nach der Gärung, die zu guten Ergebnissen führt.

GÄRUNG

Das Untermischen der Zutaten in den Gärbehälter bei niedriger Temperatur liefert eine schöne Frische. Frucht- und andere Aromen werden dabei gut eingearbeitet. Bevor jedoch irgendetwas zugegeben wird, muss man sicher sein, dass es auch wirklich sauber ist. Bei ganzen Früchten, Kräutern, Gewürzen oder Kaffeebohnen genügt dazu meist ein kurzes Untertauchen in einem Topf mit sehr heißem Wasser.

ES WURDEN SCHON VIELE AROMATISIERTE BIERSTILE KREIERT, UND MAN FINDET ZAHLREICHE HINWEISE DAZU IM INTERNET. HIER EINIGE MÖGLICHKEITEN:

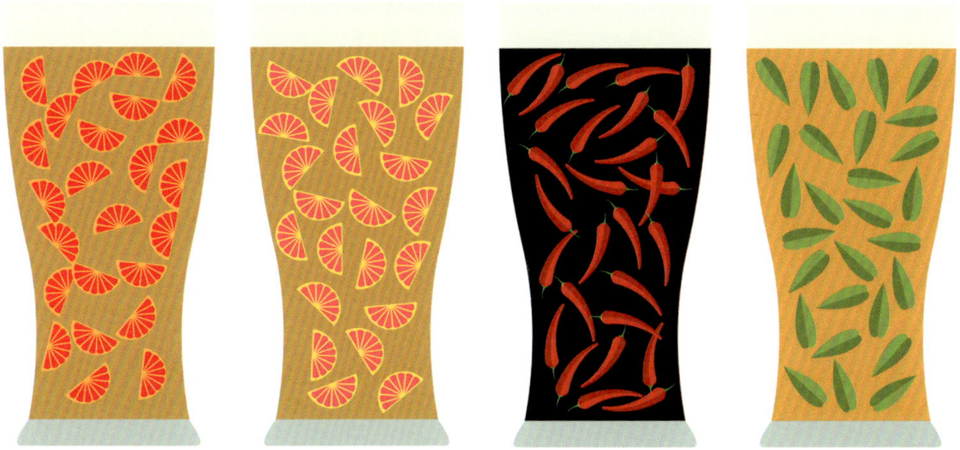

SOUR BEER

TART PASSIONFRUIT RASPBERRY WIT

SOUL REBEL BREW CO.
ALK. 5,25 % VOL

„Gypsy Brewer" oder Wanderbrauer ziehen von Brauerei zu Brauerei und stellen dort auf unterschiedlichen Anlagen mit verschiedenen Leuten ihr Bier her. Sie mieten die Brauanlagen oder erarbeiten mit den ansässigen Brauern Rezepte. Dan Price ist so ein Wanderbrauer: Er war Chefbrauer bei Weird Beard Brewing Co. und London Brewing Co. und hat mit Brodies, Mad Hatter, Elusive, Summer Wine, Outlaw, Hanging Bat und jetzt The Brewery Below zusammengearbeitet. Dans unorthodoxe Herangehensweise hat zu einigen „alternativen" Braupraktiken geführt, die unter der Marke Soul Rebel Brew Co. bekannt geworden sind.

Rezept: Daniel Price

GRUNDDATEN

ZIELVOLUMEN	20 l
KOCH-VOLUMEN	25 l
ALKOHOLGEHALT	5,25 % vol
ENDDICHTE	1.008
AUSGANGSDICHTE	1.048
PH-WERT	5,2–5,5

VERFAHREN UND ZEITVORGABEN

MAISCHEN	
Temperatur	**Dauer**
68 °C	60 Min.

GÄRUNG
18 °C

ZUTATEN

MALZ	
Pale	1,6 kg
Wheat	2 kg
Münchner	225 g
Reishülsen	225 g

HOPFEN			
	Menge	**Zugabe-zeit**	**Merkmal**
Northern Brewer	14 g	60 Min.	Bitter-hopfung

HEFE
WLP410

FRUCHT	
	Menge
Passionsfruchtpüree	475 ml
Himbeerpüree	950 ml

Nach der Gärung die Hefe entfernen, die Fruchtpürees untermischen und zwei Wochen reifen lassen. Gelegentlich schütteln. Gut gekühlt absetzen lassen, dann das Bier vom Sediment abschlauchen. Karbonisieren und servieren.

TIPP DES BRAUERS

Man kann dieses Bier durch Zugabe von Joghurtkulturen zur Würze nach Art von Berliner Weiße ansäuern. Einige Tage bei 48 °C stehen lassen, bis der pH-Wert auf etwa 3,5–4 fällt. Anschließend kochen und vergären.

BIER IN FÄSSERN REIFEN LASSEN

Früher verwendete man für die Lagerung von Bier nur Fässer aus Holz. Erst relativ neue technische Entwicklungen führten zu einem Umstieg auf Behälter aus Edelstahl (oder Plastik) für die Gärung und Lagerung.

WELCHES FASS SOLLTE MAN NEHMEN?

Die erste Herausforderung für einen Heimbrauer ist es, überhaupt ein brauchbares Fass zu finden. Alte Branntweinfässer sind zwar gut geeignet, doch sollte man auf passende Aromen achten: Dunkles Bier harmoniert mit dunklen Spirituosen oder Rotwein, leichtere Biere passen besser zu hellen Schnäpsen oder Weißwein. Burgunder-, Sauternes- und Bourbon-Fässer sind bei Brauern besonders begehrt.

DAS FASS FÜLLEN

Hat man ein Fass, ist die Abfüllung die nächste Herausforderung. Wird das Fass nicht komplett gefüllt, oxidiert das Bier zu stark und zu schnell. Am besten tun sich mehrere Heimbrauer zusammen, brauen dasselbe Bier und füllen dann ihre Chargen in das gemeinsame Fass, bis es voll ist.

DESINFIZIEREN

Um zu vermeiden, dass das Bier sauer wird, sollte das Fass vor dem Befüllen desinfiziert werden. Dampf ist ideal, doch eine gründliche Spülung mit kochend heißem Wasser funktioniert auch. Im Fass verbliebene Spirituosenreste helfen sogar dabei, unerwünschte Bakterien abzutöten. Außerdem verleihen sie dem Bier zusätzlich Komplexität.

ZEIT

Biere mit hohem Alkoholgehalt sind widerstandsfähiger gegen Bakterien und den Verderb durch wilde Hefen. Man sollte das Fass aber trotzdem nicht regelmäßig öffnen, sondern versiegeln, ruhen lassen und auf den Erfolg vertrauen. Drei bis sechs Monate sind ausreichend für ein fassgereiftes dunkles Bier. Ein in einem Sauternes-Fass gelagertes helles Saisonbier braucht dagegen nicht so lange.

WACHSEN 111

IM FASS GEREIFTES BIER

BARREL-AGED IMPERIAL STOUT

BOSS
ALK. 11 % VOL

Chris ist ein sehr guter Freund von mir. Ich lernte ihn kennen, als ich The Thatchers Arms an der Grenze von Essex zu Suffolk führte. Chris ist in die USA zurückgegangen und dort Mitglied der Heimbrauergruppe „Brewers of Siloam Springs" (BOSS). Im Jahr 2015 tat sich diese Gruppe zusammen und jeder braute eine Charge dieses Bieres, die dann zusammen in ein Four-Roses-Bourbon-Fass kam. Ich hatte das Glück, eine Flasche mit ihm trinken zu dürfen, als ich ihn 2015 in Arkansas besuchte. Ein absolut tolles Bier!

Rezept: Chris Butler

GRUNDDATEN

ZIELVOLUMEN	20 l
KOCH-VOLUMEN	25 l
ALKOHOLGEHALT	11 % vol
ENDDICHTE	1.008
AUSGANGSDICHTE	1.020
PH-WERT	6

VERFAHREN UND ZEITVORGABEN

MAISCHEN	
Temperatur	Dauer
68 °C	60 Min.

GÄRUNG
18 °C

ZUTATEN

MALZ	
Maris Otter	1,4 kg
Pale Maris Otter	4,79 kg
Chocolate Malt	740 g
Roasted Barley	700 g
Caramunich	340 g
Caravienne	340 g
Kandiszucker	400 g

HEFE
London Ale Yeast (wyeast 1028)

HOPFEN			
	Menge	Zugabezeit	Merkmal
Northern Brewer	42 g	45 Min.	Bitterhopfung
Northern Brewer	28 g	30 Min.	gemischt
Northern Brewer	340 g	0 Min.	Aromahopfung

TIPP DES BRAUERS

BOSS verwendete zwei Päckchen Hefe für dieses Bier, um den angestrebten hohen Alkoholgehalt zu erreichen. Der Kandiszucker trägt ebenfalls dazu bei und wird am besten etwa 10 Minuten nach Beginn des Siedens zugefügt. Das Bier reifte rund vier Monate im Fass, um reichlich Fass- und Bourbonaromen aufnehmen zu können.

HEIMBRAUERCLUBS UND WETTBEWERBE

Manchem Hobbybrauer genügt es, sein Bier für sich allein oder zusammen mit einigen Freunden zu genießen. Andere sind wiederum neugierig, was die Kollegen brauen und wie sich die eigenen Biere im Wettbewerb mit anderen selbst gebrauten Bieren schlagen. Viele Heimbrauerclubs und auch einige Brauereien veranstalten entsprechende Wettbewerbe. Bei einigen wird das Siegerbier dann in größerem Stil nachgebraut und der Sieger erhält ein Kontingent davon als Prämie.

DEUTSCHLAND

Die Vereinigung der Haus- und Hobbybrauer veranstaltet jährlich ihre Haus- und Hobbybrautage mit Bierprämierung (www.hausgebraut.de), bei der Mitglieder in bestimmten Kategorien ihre selbst gebrauten Biere vorstellen und bewerten lassen können.
Das Camba-Bierfestival (www.camba-bavaria.de) organisiert einen Hobbybrauerwettbewerb, bei dem das Siegerbier nachgebraut wird und der Sieger 200 Liter davon mit nach Hause nehmen darf.

ÖSTERREICH

Der bekannteste Wettbewerb in Österreich ist die Austrian Beer Challenge der unabhängigen Interessengemeinschaft Bier (www.bierig.org), die Profi- wie Hobbybrauern offensteht.

SCHWEIZ

Die Swiss Homebrewing Society (www.hausbrauer.ch) veranstaltet jedes Jahr eine Bierprämierung für ihre Mitglieder.

HEIMBRAUERCLUBS

Inzwischen haben sich auf nationaler, regionaler oder lokaler Ebene verschiedene Interessengemeinschaften gegründet, um das gemeinsame Hobby des Bierbrauens zu pflegen. Man tauscht Ideen, Erfahrungen und Rezepte aus, diskutiert über Verfahren und technische Ausstattungen und trifft sich auch zur gemeinsamen Verkostung der selbst gebrauten Biere.

BIERBRAUEN – MELDEPFLICHT UND STEUERN

Die Meldepflichten und fälligen Steuern unterscheiden sich stark, hier wird nur ein kurzer Überblick gegeben. Zu den genauen Formalitäten und Vorschriften sollte sich jeder Hobbybrauer bei den zuständigen Behörden genauer informieren, bevor er ans Werk geht.

DEUTSCHLAND

Die Herstellung von Bier unterliegt der Steuerpflicht. Für Hobby- und Hausbrauer besteht allerdings eine Freimenge von 200 Liter pro Jahr, für die keine Steuern abzuführen sind. Wird diese Freimenge überschritten, ist die darüber hinaus gebraute Biermenge steuerpflichtig. Die Höhe der Biersteuer orientiert sich an der Stammwürze, nicht am Alkoholgehalt des fertigen Bieres.

Wichtig: Es besteht grundsätzlich eine Meldepflicht für die Herstellung von Bier – unabhängig von der Menge!
Dem zuständigen Hauptzollamt sind im Voraus der Herstellungsort und die voraussichtliche Menge (pro Kalenderjahr) mitzuteilen. Die Meldung muss einmal jährlich erfolgen und kann per Mail abgegeben werden. Hinweise und Formulare sind unter www.zoll.de abrufbar.

ÖSTERREICH

Die private, nicht auf Gewinn abzielende Herstellung von Bier wird nicht besteuert. Es gibt auch keine Mengenbeschränkung für das nichtgewerbliche Bierbrauen.

SCHWEIZ

In der Schweiz gibt es wie in Deutschland eine Steuerpflicht für die Bierherstellung. Die Freimenge liegt hier aber bei 400 Liter pro Jahr. Ab dieser Menge ist auch eine Zollanmeldung erforderlich.

DAS HOBBY ZUM BERUF MACHEN

Mancher Hobbybrauer mag mit dem Gedanken spielen, das Brauen kommerziell zu betreiben, gerade wenn seine Biere im Freundes- und Bekanntenkreis großen Anklang finden.

Dieser Schritt sollte wohlüberlegt sein, denn die Vorschriften für das gewerbliche Brauen – speziell die Rechts- und Steuervorschriften – sind recht umfangreich. In Deutschland, Österreich und der Schweiz gelten jeweils eigene Vorschriften, über die man sich im Vorfeld genau informieren sollte.

PROFESSIONELLE AUSSTATTUNG

Zu den rechtlichen Aspekten kommen noch Überlegungen zur technischen Ausstattung einer gewerblichen Mikrobrauerei. Mit einer selbstgebastelten Brauanlage wird man den für ein kommerziell erfolgreiches Unternehmen notwendigen Bierausstoß kaum erzielen können. Investitionen für Geräte im Bereich von 15 000 Euro aufwärts sind eine realistische Größenordnung. Ausreichend große Gärbehälter sind dabei eine besonders wichtige Anschaffung.

RÄUMLICHKEITEN

Außerdem sollten entsprechende Räumlichkeiten zum Brauen und zur Lagerung der abgefüllten Biere vorhanden sein.

VERMARKTUNG

Ein weiterer Aspekt ist die Vermarktung des selbst gebrauten Bieres. Am einfachsten dürften noch der direkte Ausschank in einer Braugaststätte und der Absatz auf dem lokalen Markt sein, ansonsten müssen geeignete Vertriebswege und Marketingmaßnahmen überlegt und gefunden werden.

GLOSSAR

Ale
Ein bei Temperaturen zwischen 15–20 °C gebrautes obergäriges Bier.

Alkoholgehalt
Maß für den prozentualen Alkoholanteil (% vol) im Bier, gemessen in Volumenprozent.

Alphasäure
Eine chemische Verbindung in den Harzdrüsen der Hopfenpflanze. Sie ist für die Bitterkeit des Hopfens verantwortlich.

Aromahopfen
Hopfensorten, die nur kurz mitgekocht werden, damit ihre Aromastoffe nicht aus dem Sud verdampfen.

Bierspindel
Sonderform eines Aräometers, eines Messgeräts zur Bestimmung der Dichte einer Flüssigkeit. Auf der Bierspindel ist eine Skala mit der Dichte oder Plato-Graden angebracht.

Bittere
Die Bittere des Bieres wird durch die Hopfensorte sowie Menge und Zeitpunkt der Dosage bestimmt. Gemessen wird sie in Bittereinheiten (siehe IBU).

Bitterhopfen
Hopfensorten, die lange im Sud mitkochen, um die Alphasäuren zu lösen, die die Bitterkeit im Bier bewirken.

Dichte
Die relative Dichte einer Flüssigkeit kann mit einem Aräometer (Spindel) gemessen werden. In manchen Ländern wird die Stammwürze (Original Gravity) als Quotient (z.B. 1.040) angegeben. Eine Umrechnung in °P (Grad Plato) ist möglich.

Dimethylsulfid (DMS)
Eine bei der Biergärung gebildete Schwefelverbindung mit meist unangenehm kohligem Geschmack.

Dosage
Zugabe von Hefe oder Zucker zur Unterstützung der Nachgärung.

Extraktbrauen
Durch die Verwendung von Maischeextrakt vereinfachtes Brauverfahren, das mit Würzekochen und Hopfengabe startet. Danach erfolgt die Gärung.

Gärröhrchen/Gärglocke
Aufsatz für den Gärbottich, der das bei der Gärung gebildete CO_2 entweichen, aber keine Luft (und damit keine Bakterien) in das Gefäß hinein lässt.

Gärung
Umwandlung von Zucker durch Hefe in Alkohol und CO_2.
Bei der Hauptgärung wird ein wesentlicher Anteil des Zuckers in Alkohol umgewandelt.
Die Nachgärung in der Flasche oder im Fass dient vorrangig der Bildung von CO_2, um das Bier „spritziger" zu machen.

Grad Plato (°P)
Das Grad Plato (°P) ist die in Deutschland gängige Einheit zur Bestimmung des Stammwürzegehalts. 1 °P entspricht 1 g Stammwürze pro 100 g unvergorener Würze.

Hefe
Einzelliger Pilz, der Zucker in Alkohol und CO_2 umwandelt. Heute arbeitet man vorrangig mit Reinzuchthefen, die jeweils spezielle Eigenschaften aufweisen. Wildhefen kommen kaum noch zum Einsatz, sie stellen eher eine Gefahr für einen sauberen Gärungsverlauf dar.

Heißtrub
Beim Kochen der Würze ausflockende Eiweißstoffe und Hopfenbestandteile.

Hopfen
Die Hopfendolden, die Blütenstände der weiblichen Hopfenpflanze, geben dem Bier seine herbe Würze. Sie werden als ganze Dolden oder als in Form gepresste Hopfenpellets zur Würze gegeben.

International Bittering Units (IBU)
Maßeinheit zur Bestimmung der Bitterkeit (Bittere) von Bier.

Jodprobe
Test, ob die Stärke in der Maische in vergärbare Zucker umgewandelt wurde. Färbt sich die Würze bei Jodzugabe rot oder blau, ist sie unvollständig verzuckert; eine Gelbfärbung zeigt eine ausreichende Umwandlung in Zucker an.

Kalthopfung
Zugabe von Hopfen nach dem Kochen, um eine intensive aromatische Note zu erhalten. In der Fachsprache als Hopfenstopfen bezeichnet.

Kalttrub
Sich beim Abkühlen der Würze bildende Trübung u. a. aus Eiweißstoffen.

Karbonisierung
Jungbier wird bei der Abfüllung in Flaschen (oder Kegs) mit einer Zuckerdosage versetzt, damit sich bei der Nachgärung der gewünschte CO_2-Gehalt bildet.

Keg-Fass
Zylindrisches Edelstahlfass mit integriertem Ventil, an das ein Zapfkopf angeschlossen werden kann.

Lagerbier
Bei niedriger Temperatur erzeugtes untergäriges Bier, das in Kühllagern reift.

Lambic
Traditionell in einem kleinen Gebiet in Belgien produzierter Biertyp, der durch wilde Hefen spontan vergärt.

Läutern
Abtrennen der Malztreber von der beim Maischen gewonnenen Würze.

Maischen
Vorgang des Einweichens von Malz in Wasser, um die vergärbaren Zucker herauszulösen.

Malz
Getreide, vorrangig Gerste und Weizen, wird durch Befeuchten zum Keimen angeregt und dann getrocknet (gedarrt). Die enthaltene Stärke wird dabei aufgespalten.

Nachguss
Vorgang, bei dem heißes Wasser über die abgesetzten Treber gegossen wird, um möglichst viel Zucker herauszulösen. In der Fachsprache als Anschwänzen bezeichnet.

obergärig
Biere des Ale-Typus, die mit obergäriger Hefe bei relativ hohen Temperaturen von 15–20 °C vergoren werden. Die Hefe bildet bei der Gärung eine oben schwimmende Schicht.

pH-Skala
Von 0 bis 14 reichende Skala zur Messung des sauren (0) oder basischen Charakters (14) einer Lösung. Eine Lösung mit pH 7 ist neutral.

Rast
Phasen beim Maischen, bei denen die Maische eine bestimmte Zeit bei einer bestimmten Temperatur rastet, damit die Enzyme die Stärke in Zucker umwandeln können.

Reinheitsgebot
Das 1516 von Herzog Wilhelm IV. von Bayern erlassene Reinheitsgebot erlaubt nur die Verwendung von Gerste, Hopfen und Wasser für das Bierbrauen. Die Hefe war damals noch nicht als wichtige Zutat identifiziert. Heimbrauer, die ihr Bier nicht in Verkehr bringen wollen, können ihrer Kreativität aber freien Lauf lassen.

Schüttung
Die für einen Brausud benötigte Malzmenge, die je nach Rezept für die Biersorte zusammengestellt wird.

spontangärig
Biere, die durch in der Umgebung vorhandene Wildhefen spontan vergären. Das belgische Lambic ist ein solches spontan vergorenes Bier.

Stammwürze
Anteil aller aus Malz und Hopfen vor der Gärung in der Würze gelösten Stoffe (Extraktgehalt). Die Stammwürze wird in Gewichtsprozent (%) oder Grad Plato (°P) angegeben. Die Stammwürze ist die Grundlage zur Besteuerung von Bier. Der spätere Alkoholgehalt entspricht in etwa einem Drittel der Stammwürze.

Treber
Die Malzrückstände, die sich beim Läutern der Würze absetzen und als fester Treberkuchen zurückbleiben.

untergärig
Biere des Lager-Typus, die mit untergäriger Hefe kühl bei 4–9°C vergoren werden. Die Hefe setzt sich dabei unten in Gärbehälter ab. Untergärige Biere können erst seit der Erfindung der Kältemaschine ganzjährig gebraut werden.

Vollmaischebrauen
Vollständiger Braudurchgang mit Einmaischen, Läutern, Würzekochen und Gärung, der aufwändiger, aber auch individueller abzustimmen ist.

Würze
Die Bierwürze ist das flüssige Produkt des Einmaischens. Dieser Malzextrakt enthält die vergärbaren Zucker.

WEITERFÜHRENDE LITERATUR

Heimbrauen: Schritt für Schritt
zum eigenen Bier
Hagen Rudolph
Hans Carl Fachverlag 2017

Heimbrauen für Fortgeschrittene
Hagen Rudolph
Hans Carl Fachverlag 2017

Hausbrauer-Rezeptsammlung:
Prämierte Biere der Haus- und
Hobbybrauertage
VHD
Hans Carl Fachverlag 2014

Die Biersorten der BRAUWELT:
Ihre Geschichten & Rezepturen
Horst Dornbusch
Hans Carl Fachverlag 2016

Das große BRAUWELT
Lexikon der Biersorten
Horst Dornbusch
Hans Carl Fachverlag 2017

Gutes Bier selbst gebraut: Schritt für
Schritt – mit Rezepten
Hubert Hanghofer
BLV Buchverlag 2016

Bier brauen
Handbuch für den Heimbrauer
Richard Lehrl
Verlag Eugen Ulmer 2009

Bier aus eigenem Keller
Wolfgang Vogel
Verlag Eugen Ulmer 2005

Bier brauen
Grundlagen Rohstoffe Brauprozess
Jan Brücklmeier
Verlag Eugen Ulmer 2018

Cocktailian (Band 3)
Bier & Craft Beer
Tre Torri 2014

Bier-Katechismus
Was Sie schon immer über
Bier wissen wollten
Conrad Seidl
Deuticke Verlag 2005

Bier selbst gebraut
Mit Rezepten für 100 Sorten
Klaus Kling
Verlag Die Werkstatt 2017

Abriss der Bierbrauerei
Ludwig Narziß
Wiley-VCH Verlag 2017

WEBSEITEN UND BEZUGSQUELLEN

www.besser-bier-brauen.de
www.bier.de
www.bierakademie.net
www.bier-checker.de
www.bier-entdecken.de
www.bierforum.de
www.brau-bier.de
www.braumagazin.de
www.braupartner.de
www.braurechner.de
www.brewersfriend.com
www.brewgr.com
www.brewrecipedeveloper.de
www.code-knacker.de
www.craftbeer-revolution.de
www.der-bier-brau-blog.net
www.fabier.de
www.hausbraucommunity.de
www.hausgebraut.de
www.heimbrauforum.de
www.hobbybrauer.de
www.hobbybrauer-kompendium.de
www.hopfenhelden.de
www.howtobrew.com
www.jungbier.de
www.maischemalzundmehr.de
www.mathe-fuer-hobbybrauer.de
www.mueggelland.de
www.netbeer.org
www.selber-bier-brauen.de
www.wirbrauen.de

www.amihopfen.com
www.brauen.de
www.brouwland.com
www.gastro-brennecke.de
www.hbs24.de
www.hobbybrauerversand.de
www.ludwigs-sudhaus.de
www.nahrungsmittel-selbermachen.de
www.satkau1.de
www.weyermann.de

Österreich
www.beerstorevienna.at
www.beerlovers.at
www.holzeis.com

Schweiz
www.brauundrauchshop.ch
www.sios.ch
www.bierbrauzubehoer.ch

REGISTER

DANKSAGUNG

Dieses Buch widme ich meiner Frau Sarah, einer äußerst verständnisvollen „Bierwitwe" – ganz besonders in der Zeit, als ich dieses Buch schrieb. Ich möchte ihr und meiner ganzen Familie für all die Unterstützung und Ermutigung danken, die sie mir gaben.

Neben den Brauern, die sich Zeit für Interviews nahmen oder Rezepte zur Verfügung stellten, gilt mein besonderer Dank einigen Freunden aus der Brauwirtschaft für ihre Hilfe, ihr Wissen und ihren Rat: Pete Brown, Adrian Tierney-Jones, Daniel Price von The Brewery Below und Dan Fox von der London Brewing Co.

Und zum Schluss geht noch ein riesiges Dankeschön an Jason Hook, Jamie Pumfrey und das Team von Ammonite Press für ihre unermüdliche Unterstützung und Anleitung.